读客文化

亿亿万万

[美] 卡尔·萨根 著
丘宏义 译

天津出版传媒集团
天津科学技术出版社

著作权合同登记号：图字 02-2021-074

图书在版编目（CIP）数据

亿亿万万 /（美）卡尔·萨根著；（美）丘宏义译
. -- 天津：天津科学技术出版社，2021.7（2022.3 重印）
书名原文：Billions & Billions
ISBN 978-7-5576-9421-0

Ⅰ. ①亿… Ⅱ. ①卡… ②丘… Ⅲ. ①自然科学－文集 Ⅳ. ① N53

中国版本图书馆 CIP 数据核字 (2021) 第 117752 号

亿亿万万
YIYI WANWAN
责任编辑：刘　磊

出　　版：天津出版传媒集团 / 天津科学技术出版社

地　　址：天津市西康路 35 号
邮　　编：300051
电　　话：(022) 23332695
网　　址：www.tjkjcbs.com.cn
发　　行：新华书店经销
印　　刷：河北鹏润印刷有限公司

开本 660×960　1/16　印张 19　字数 240 000
2022 年 3 月第 1 版第 2 次印刷
定价：58.00 元

译序

科学文化和人文文化的共同责任

丘宏义

卡尔·萨根的终极关怀

卡尔已经离我们而去了。在这种场合，中国人常说的一句话是“盖棺论定”。这句话带了一点这个人已经去世，我们可以替他下一个结论的含义。可是在卡尔身上，我们不如引用他爱妻的话：“卡尔还一样继续活着。”最近，一位希腊裔的天文界好友英年早逝。在希腊正教的礼堂中举行追思礼拜时，正教的僧侣说了一句令人感动的话：“只要有一个人还记得死者，他就还活着。”死亡往往是人们最恐惧，却又不可避免的最后命运。美国开国元勋本杰明·富兰克林讨论税收的时候，说了一句俏皮话：“世界上只有两样事是绝对确定的：死亡和交税。”有很多人写过死亡。可是，在本书中我们看到一位极有才华的人怎样面对死亡。卡尔写道：“死亡只是一个不会醒来的无梦长眠。”这就是莎士比亚在《哈姆雷特》中写的：“死亡，就是睡去。”（To die, to sleep.）一般人对死亡的恐惧，说穿了，就是恐惧死亡。其实许多世界上的事都类似这种因为果，果为因的形态。20世纪30年代，美国在经济不景气中选出罗斯福担任总统。他一上台，就说了一句话鼓励沮丧中的人民：“唯一能令人恐惧的就是恐惧本身。”（There is nothing to fear but fear itself.）

为什么我要提起卡尔还继续活着呢？一直到他死的时候，卡尔最担心的就是我们全球文明在大气中不断地、有增无减地排放二氧化碳。本书中提到许多二氧化碳在全球环境中会造成的后果，在此不再赘述。最反对限制二氧化碳的是工业界，尤其是石油工业。他们甚至把科学家的诚实态度拿来作为反对的工具：科学家们研究大气，发现二氧化碳可以造成全球变暖，结论是有这样一个现象，可是坏到什么程度，还存在些不定数。这是科学的精神——知之为知，不知为不知。工业界以他们雄厚的经济力量及权势（有了钱当然有势），把科学家诚实的态度扭曲了一下，说：“这些科学家的结论充其量也不过是可能。”接着就提起（限制二氧化碳）在经济上会造成多么严重的后果了。这是工业界的短视态度：只看到现在，不顾未来。美国短视的倾向比其他国家都要糟。鼎鼎有名的哈佛大学在这种短视的态度上做出了最大的努力。以往每个公司的业绩是以年终结算为准的。哈佛大学的商学院发明了三个月一算的业绩，公司股票的涨跌就以这三个月一算的业绩为准了。许多公司就把研究项目停了，因为研究工作在三个月中不会有什么成绩的。一年已经够短视的了，而哈佛大学的商学大天才把一年又缩短为三个月。

一生工作开始见效

最近石油业有点改变了。《华盛顿邮报》的一篇报道说，欧洲的石油公司开始转向，开始谈起以前提都不提的二氧化碳问题了。为什么？他们怕重蹈美国烟草工业的覆辙。我们现在知道，抽烟和心脏、肺部健康的损伤之间有百分之百的关联性。但多年来，美国烟草公司以其雄厚的经济力量，一直阻挠政府和民众要他们公开烟草配方的法案，否认尼古丁上瘾后很难戒掉的科学发现。尤其是在推广烟草的使用时，他们想方设法使青少年抽烟，因为一旦上瘾，终生都是烟草公司的忠诚顾客了。他们甚至还出钱要研究培植一种尼古丁含量更高的烟草。是，套一句老话，“人民的眼睛是雪亮的”，多年来经过这些被烟草公司看不起的寒酸低薪的科学家不断地“鼓吹”抽烟之害，人民“终于觉醒”及“奋起”了。整个国会议会都联合起来反对烟草业，各州纷纷在法院中提出控诉，要烟草公司赔偿这些州花在医治由于抽烟引起的各种疾病上的钱。烟草公司挡不住了，因此现在的态度完全改变。这问题现在还在商洽中，不知后事如何。可是有一样是确定的，就是如果一种工业为了短视的经济利益而不顾公众利益，迟早会被人民联合的力量击垮的。

为什么石油公司怕重蹈覆辙呢？其实这事不是从美国开始的。美国人不好读书，是三流电视节目的忠实信徒。也许和开国历史有关。初期来美国的人都要自力更生，要动双手才能生存，因此很少看书。可是欧洲人则反之。欧洲人好读书。欧洲人比美国人更知道大量排放二氧化碳能使全球变暖，造成恶劣的气候，冷气机及冰箱用的氟氯碳化合物冷媒会损伤保护我们的臭氧层。欧洲人也开车，可是他们给石油公司的信息是：他们要石油公司负责。因此，欧洲的石油公司开始谈起替代石油的代用品了。欧洲的石油公司觉得，与其现在反对替代石油，把顾客变成敌人，不如在很早的时候就加入反对的行列，先走一步，反正以后找到代用品后，生意也还是他们的。这就是有眼光的生意经。这个就是利你利我——双赢——的态度（见第十六章，游戏规则）。为什么欧洲人知道这些环保的知识呢？卡尔在这方面尽了很大的努力。以他能把困难艰涩的科学观念用通俗语言来表达的才华和他在文学方面的修养，他能传播科学家们传播不出的声音。他的离去，是很可惜的事。可是他留下的，非但是书，而且是人们心中的意识。他一生的工作开始见效了。因此他的爱妻说的话一点都没错：“卡尔还一样继续活着。”

知识就是财富

在20世纪之末，观念上的最大改变是从“二虎相争，必有一伤”的敌对态度，逐渐演变成合作的态度。可以很保守地说，人类的历史就是战争史。非但有国与国或民族与民族之战，还有社会中一个阶层和另一阶层的争执，本地人同外地人的争执等。即使没有战争或争执，也一定要比一下。我比你有钱有势等。什么都可以比高低。这种比较或敌对的态度可以在几乎所有人类游戏中看出，如球赛、打擂台、赌博、考试、桥牌、恋爱……但从来不见人类全体能从相比、相争中获益的。这就是“零和博弈”，一方赢了，另一方就非输不可。一赢一输，加起来等于零。有没有其他的办法呢？有的。以前打仗是为了抢领土、抢资源。这是零和。尽管有人认为商业的铜臭味太重，可是商业是第一个发现和实现“你赢，我也可以赢”的理论的。在任何贸易中，大家都赚钱。你买我的，我赚了你的钱。我买你的，你也赚钱。大家都赢。事实上，打仗抢来的钱比起商业贸易上赚来的钱，真是小巫见大巫了。中国在1900年义和团运动后，庚子赔款（根据《辛丑条约》）赔了创纪录的4.5亿两银子。以现在银的市价来算，最多不过是40亿美元。中国台湾（不用提中国大陆的了）一年的贸易额就比这款项不知道要多了多少倍。打仗会有人死，会把房屋建筑毁了，会把人民变穷。贸易不会死人（紧张过度得心脏病的除外），会建造更多的房屋，使人民致富。

现在我们经常听到某人有多少钱，某公司的资产有若干亿。哪里来的这么多钱？这就是科学的力量。我们可以研究一下财富是哪里来的。最原始的财富是奴隶、黄金、白银、土地、农作物、家畜……这些都是有限的，因此要去抢。你富了，我就穷了。这种零和博弈的观念一直到20世纪70年代都有。最明显的例子是，货币要以金为本位。在那个年代，每年在众目睽睽下，中国台湾银行要称一下库存的黄金，看有多少黄金。要印发纸币，要先看有多少黄金。连美国印发的纸币都要以在肯塔基州诺克斯堡军事基地中库存的黄金为准，一盎司（约28克）的黄金可以发35美元的纸币，不能多发。每次在报上提到日本的经济时，都要加上一句，一个没有资源的国家能有这么好的经济是一个奇迹。可是，现在这些奇迹国家多的是。而在1978年，美国废除了金本位。为什么？因为黄金不够了。把全世界的黄金抢来都不够。为什么日本及其他国家有经济上的奇迹？为什么世界上的黄金不够了？因为我们已经远离了原始的财富的观念。我们的财富大多来自知识。英国哲学家培根说："知识就是力量。"现在的说法应当是"知识就是财富"。

长话短说，举一个例子。一盎司的黄金价格约为300余美元（1998年的价格）。一颗最新的计算机心脏——奔腾处理器——约重一盎司，也值300余美元。不同的是，奔腾处理器是最不值钱的沙子做的，其他都是知识，可以无限制地供应。而黄金是有限的（如果全世界的黄金都放在一起，也不过是边长20米的立方体）。不同的是，10年后，黄金还值

300余美元（假定没有通货膨胀发生），可是，10年后这个奔腾处理器就要丢到垃圾堆中去了，可是替代奔腾处理器的微处理器，又是沙子和知识的产品，又要值300余美元。因此，财富是不断从知识中产生的。哪一天知识落伍了，财富就没有了。因此，从某种方面说来，财富和资源没有直接的关系。美国最大的（也是全世界最大的）公司，不是通用汽车公司，而是微软公司。这是没有实质产品的公司，唯一的产品是抽象的软件程序。这些都是科学的产品。科学可以从无中产生财富。因此，现在有钱的人很多（当然，因为没有知识而很穷的人更多）。因此，所有的国家都注重教育。教育是知识的第一步。有了知识就有钱。没有知识只好出卖不值钱，且市场越来越少的劳力。

第三种文化的先锋

照这样看来，科学是万能的。可是套句老话，“水能载舟，亦能覆舟”。万能的科学也可以毁灭我们自己。本书中举了许多这样的例子，不再赘述。如果我们迷信科学是万能的，就和在达摩克利斯之剑下大喝大吃一样（见第十七章），忘了隐藏在幸福中的危险。如果用水来比喻科学，那么科学不同的地方是：科学是极广极复杂的。有千万种我们必需的“水”，才能过上科学给我们带来的舒适生活。这千万种的“水”中有许多是能覆我们生命之舟的。以前认为每人都应当有一点科学常识，也许是为了个人的修养。可是现在不然了，科学是能载我们也能覆我们的“水”。要有些科学常识的原因，是要避免被有些人或有些工业，在只看到短视的利益前提下，把我们的子孙甚至我们自己置于危险中。这是性命交关的问题，一定要有些科学常识才能了解。否则我们就听命于短视唯利是图的人或工业。就如冷气机、电冰箱工厂反对管制氯氟碳化合物冷媒，石油工业反对管制二氧化碳的产生一样。

这就令我想到一个问题，就是人文科学和自然科学界的隔阂问题。30多年前我开始自己的事业时，自然科学界和人文科学界之间似乎有一种敌对的态度。非但中国人有，几乎全人类文化中都有这种倾向。科学在近年来被人看得很重要，有些短视的科学家（各行业中都有）不免自傲，觉得“没有我们就会如何如何”。人文科学中也不免有些“你们这些只知道雕虫小技的呆子，你们知道些什么”的态度。这就是零和心理在作祟。我同你比，你同我比，二虎相争，必有一伤。这两种截然不同的学术都是人类最值得自傲的文化，为什么要让它们相争到“一伤”为止呢？其实科学的发展是近年的事，尤其是20世纪的事。在以前的数千年中，没有什么科学，文化不也发展得好好的吗？科学能做到的是人文科学无法做到的，即增加我们资源的应用，化贫为富，消灭穷困。在20世纪末，这个目标在全世界范围内还没完全做到，在21世纪，这个目标也在向做得到的方向走去。可是，21世纪最大的危机，不在这些数千年来都不能解决的社会问题上面，而在本书第十八章结尾中提到的，“我们是否会获得必要的领悟力和智慧来处理20世纪的科学启示”，这才是危机。科学带来的是方法，正如本书中再三提到的：这些方法可以载着我们的生命之舟航行，也可以覆我们的生命之舟让我们送命。我们需要科学来维持我们的生命，可是我们也需要智慧，让我们能永远地享受科学带来的舒适。如果我们把科学看成人文文化以外的第二种文化，那么我们需要第三种把这两种文化连接在一起的桥梁文化。没有这第三种文化，我们永远无法拥有能了解20世纪科学启示的智慧。卡尔就是这第三种文化的先锋。我对第一种文化——人文文化的冀望，就是和第二种文化——科学一起合作，创造出把这两种人类最值得骄傲的文化联结在一起的第三种文化（当然，这个冀望也同样地放在科学文化上）。这样的联结，产生出的是一种能让我们掌握了解科学启示的智慧，其结果是我赢你赢大家赢的合作。这就是卡尔到去世时一直都有的，对人类的希望和信念。

1998年3月

于北波多玛城马里兰州

25年后

本书作者于1996年底弃世。这本书是他历年写的短文集，是他最后出版的一本书。在这25年内，在这世界里，发生过许多大事。25年后的今天，这本书是否还有价值呢？

非但有，而且有许多问题变成更尖锐，从隐忧变成时代性的问题。我在这里把一部分我认为重要的写出来。细读后，读者可以发现更多的隐忧。

本书第二章讲到波斯棋盘。一位发明西洋棋的人，把棋盘献给一个国王，国王非常喜欢，问这位发明家要什么。他说不多，在第一格放一粒麦子，第二格放两粒，第三格放四粒，依次类推。因此，棋盘上的麦子的数目（重量）以2为单位倍增。每粒麦子的平均重量为0.065克（在西方，最小的重量单位是grain，就是一粒麦的重量）。不久，国王发现，在第60格的时候，麦粒的总重量是600万吨，超过他的国家麦子年产量许多倍。这种可怕的倍增是指数增长的一种，即以某种倍数的方式增值。在棋盘的例子里，这倍数是2，当然也可以以其他数字来增倍，如以下说到的信用卡的例子。

本书论及一些问题，如人口问题、艾滋病的传播等，都呈指数增长的现象。随着教育的普及，在工业发达国家，包括中国，人口的激增已经开始缓慢下来，虽然在有些国家，如宗教及社会组织复杂的国家，如印度，人口还在以相当的数量增加。一般说来，疫病也可以呈指数增加。在欧洲，黑死病，即鼠疫，在中古时代也曾经以指数增长的方式增加过，有数次之多。最严重的一次导致几乎1/3的欧洲人死亡。本书中提到的是数十年前成为灾祸的艾滋病。由于防范知识的传播及医学的进步，艾滋病的传播也开始减缓，现在甚至已经成为不常听到的新闻题材。可是，自2019年冬天起，另一种危机又降临到人类身上，即新型冠状病毒，现在学名为COVID-19。第一个发现的地方是中国武汉，可是起源的地点至今还未确定。在中国，一开始就以严格隔离及迅速治疗的方法来处理，已经几乎成功了。而在其他先进国家，以美国为首，认为中国的急速严格隔离方式和他们的意识形态不容，加上总统的一意孤行，疫情急速扩散，最后不得不把几乎所有的商业活动如餐馆、酒吧、零售业按中国方式停业，可是已经迟了，变成不知倍数的指数增长。造成大宗失业，经济上的萧条和大混乱。这疫情指数增长的形式已经几乎传到全球，在写这篇文章时，在美国，确诊人数已超过400万（至2021年2月底，达2840万），还不知道何时停止。以下还要继续讨论这问题。

即使不是倍增，少量倍数的指数增长仍旧是很可怕的。最普通的是信用卡的债（卡债）。现在，信用卡的广泛使用，使得许多人都陷在高债的陷阱中。信用卡刚出来的时候，许多人认为15%的年利息没有什么。可是不久就发现，这利息是按月算的，因此要比官方的年息高。一般的官方年息为15%，可是因为按月算，真正的年增倍数是1.160 75，相当于高利贷。例如借1000元，因为利息是按月算的，这个月未付的利息，到下个月就变成本金。一年后，1000元的债就变成欠了1160.75元，

5年后就变成2107.18元。不少在美国的人及家庭，都陷在这陷阱内，最后以申请破产告终。

而美国还有另一个危机，就是学贷（借钱进大学）。按各国的统计，不是每个人的智力都高到可以进大学，以欧洲为例，大约30%的人能去念大学，而且大学大都是国立的，没有学费。即使不是免费的，学费也没有美国的昂贵。另外，这些国家都有医保及其他的福利，因此即使不进大学，仍可以过中产生活。可是在美国，因为没有国家级的医保，也没有类似欧洲的其他福利，非要经过大学的教育，才能有充足的收入来付这些费用。学费奇贵，平均学贷在3万美元，而学贷也将未偿还的利息变成本金，因此利上加利而成为指数增长。平均的官方年利在6%~8%。学贷还是唯一不能以破产来消弭的债。许多人，因为种种原因（如智力不足），不能完成大学教育，可是却累积大量指数增长的学贷，甚至到了退休年龄还无法还清。

而许多国家，如希腊，因为要讨好选民，借了国债大加福利。国债的利息只有2%~3%。可是，几次选举之后，国债也超过希腊全民总收入了。如中国人所说的，“由俭入奢易，由奢入俭难”，因而造成希腊的经济危机。富有的美国也重蹈覆辙，数十年来每年入不敷出，国债已累积到面临类似希腊危机的程度。

本书第四章提及一个很重要的问题。萨根很巧妙地用光的传播把读者带到一个在中国不成问题的现象中，而这在西方国家是非常敏感的，而且到现在已经变成非常两极化的问题，即肤色。在中国，一向认为肤色是一种自然的现象。当然多数的中国女性都希望皮肤洁白，因为这是美的象征，可这没有变成社会的问题。一般说来，由于南方的阳光强，一般人的肤色呈棕色，但基本上都是同一民族，而且自古以来，就有《诗经·小雅·谷风之什·北山》里“溥天之下，莫非王土；率土之滨，莫非王臣”。这种普世价值观念，没有什么种族的观念。再者，中国自汉末起，饱受外族侵略，可是这些外族一到中国就接受了儒家的普世观念。甚至一个外族建立的朝代——北魏，下令所有的外族一定要改汉姓。基本上这就把外族同化了。中国在周朝就废除了奴隶制度。而在西方，奴隶制度很早就存在，还受到了像柏拉图这么伟大的哲学家的支持。到了基督教兴起后，因为犹太人不信耶稣基督，一直被认为是化外之民，饱受歧视，如不能置产业。因此犹太人的财富都是金银钱币财宝，他们只好放债收利息。（有史学家认为收利息是犹太人发明的。）这种歧视一直延续到20世纪，还有一个专门名词来描述：antisemitism，反犹太人主义。可以把种族歧视看成西方普世价值之一，自从欧洲殖民主义兴起后，开始把非洲俘来的人（清一色是黑人）变成奴隶。美国独立后，以农立国，需要大批奴隶来耕耘，因此从非洲进口大批的奴隶。这时欧洲已经工业化了，因此废除了奴隶制度。而在美国，到了19世纪时，基本上来说，北部已经工业化了，不需要奴隶，而且认为奴隶制度不合基督教的原则，因而开始废除奴隶制度。可是南方仍旧以农业为主，非要有奴隶不可。到了1860年，这种矛盾变得水火不容，因此南方要独立，北方不肯，造成了数年的内战，最后北方赢了，南方只好委曲求全接受废除奴隶制。但他们依然通过种种法律来排挤黑人。一直到20世纪50年代之后，才开始通过法律一一消除这些排挤压迫黑人的法律，在此期间，不少为了平等而奋斗的黑人被杀，最有名的是金博士（马丁·路德·金，Martin Luther King）。可是对黑人的歧视已经成为根深蒂固的“传统”。萨根相信人类平等的普世价值，在文章中解释说，根本无法给黑白种族下定义。许多有识之士，都有同样的信念，可是还有少数不肯放弃白人优越感的死硬派，在做最后的挣扎。最近，一位黑人犯了一些小错，被警察抓了，一位白人警察坐在他头颈上，他哀求放开，因为他无法呼吸。这位白人警察不听，他因此窒息而死。（一起去抓这位黑人的四位警察中，有一位还是亚裔，是来自越南的苗族人，越南称为赫蒙族。在20世纪70年代越战期间，许多赫蒙族人和美国军方合作，战后这些与美国人合作的人无法在越南立足，因此有大批族人迁居美国。）这事件在美国已经演变到如火如荼的种族平权运动，还传到欧洲。

所有人类学家都认同萨根的观点，即人种之中没有确切的黑白定义。在萨根弃世的那一年，自20世纪50年代开始积极进行的有色人种的民权运动，已经进行了将近两个世代，而到现在已经历经几乎三个世代了，仍然方兴未艾。因为这种改革牵涉到财经、社会结构及心态，在许多方面仅有表面上的效果。如果世界局势不变，恐怕还要好几个世代才能有真正的结果。

本书中有不少对宇宙的探测。现在对宇宙的了解已经比萨根时代进展太多了，可是，萨根提出的原则还没有改变。和萨根时代不同的是：当时仅推论出，几乎所有的星球形成时，形成星球的物质同时也会形成行星。随着人造卫星的发展，现在已经有能力发现地外行星了，而且发现了很多。可是和地球类似能让生物生存的行星真是少之又少，只有几个。

行星受恒星的照射，表面的温度会升高。有温度的物体本身也会放出辐射，二者会达到平衡。因此，行星的表面就会有一定的温度。现在公认，要有生命，该行星的温度一定要在水的冰点之上，沸点之下。在恒星的外围，有一个这样的区域，就是所谓的生物圈。

如果没有大气，地球的平衡温度是-18℃，在水的冰点之下。可是地球刚形成的时候，表面温度很高，会使地球表面的物质所含的气体都放出。这些气体会保留一部分地球辐射出去的能量，使地球的表面温度升高，造成所谓的温室效应。现在地球的平均温度是14.6℃。

这就引到一个很重要的命题，即地球表面温度的状态。萨根非常关心地球，在他的时代，有两个大问题：一个是地球臭氧层的减薄，另一个是地球表面温度的增加，即温室效应，因为类似培养植物的温室而得名。这两个问题都和人类活动有关。

先谈臭氧层。太阳发射出的辐射主要在可见光范围内，可是有相当的辐射在短波的紫外线范围。这些短波的紫外线对生物有杀伤性。可是在地球大气的最上层，这些短波的紫外线能把大气的氧分子（2个氧原子组成）变成另一种氧分子，称为臭氧，由3个氧原子组成。臭氧对短波的紫外线吸收性特强，因此等于在地球的大气层上造了一层盾，把这些对生物有杀伤性的紫外线挡住了。在萨根的时代，发现臭氧层已经变薄了，甚至还有一个几乎没有臭氧层的洞（《一片天空不见了》）。经人造卫星的探测、化学理论的研究和实验分析，发现臭氧层的减薄，来自现在非常普及的冷气机及电冰箱内要用到的冷媒——氟利昂。这是一种碳氟化合物。冷气机及电冰箱换代时，这些氟利昂不免被释放到大气中。到了大气层上面的平流层后，太阳的紫外线能分解氟利昂，放出氯。氯能分解臭氧，而氯在平流层内滞留的时间很长，久而久之，就把臭氧层削薄了。因此这是人类活动引起的后果。紫外线过强虽然不会大量杀伤生物，可是会造成皮肤癌，尤其是肤色浅的人，如白种人，风险更高。西方白种人一听，他们首当其冲，便立刻担忧起来，因此同心协力去找氟利昂的代用品。换了好几次，现在臭氧层的危机大致解决。

而另外一个问题，温室效应，就遭遇到不同的命运。上面说过，如果没有温室效应，地球的温度应当在-18℃。地球形成时很热，会使地球表面的物质所含的气体都放出，大部分是氮、氧、碳及其他成分。经过一段演变（因为篇幅关系，这里不谈），成为我们现在的大气。其中约80%是氮，约20%是氧，还有水汽和二氧化碳等，这些少量成分虽然远在1%之下，可是非常重要。动物呼吸空气，吸收了氧，呼出废气的主要成分是二氧化碳。而植物吸收二氧化碳，以光合作用把碳分解出来，作为成长的养料，植物放出的废料就是氧。因此通过动植物，空气中的氧和二氧化碳构成一种平衡。而二氧化碳能吸收地球向空间射出的辐射，这些辐射大都在红外线范围内。因此少量的二氧化碳等于给地球盖上一层毯子，保持地球的平均温度在冰点以上，使生物可以大量生存。

自工业革命以来，所有的机械动力如蒸汽机、内燃机等，都需要燃料，主要的燃料来源是化石燃料，如19世纪的煤，20世纪至今的石油。这些化石燃料所产生的废物也是二氧化碳。19世纪末一位化学家阿伦尼乌斯（Svante Arrhenius，1859—1927）有天做了一个简单计算，就算这些工业能源产生的二氧化碳对地球有什么影响。他大吃一惊，发现二氧化碳会使地球温度升高，原因如下：地球辐射出的能量大都集中在波长为10微米上下的红外线范围，而二氧化碳在此波段的吸收能力非常强。如前所说，等于给地球表面盖上一层毯子，使地球的温度不至于到冰点以下。可是，如果大气层中的二氧化碳多了，就等于把这层毯子加厚，使地球的温度增高。大量的二氧化碳导致的后果非常严重，自1960年人造卫星能探测其他行星以来，科学家发现，金星的表面温度达到铅的熔点，即接近400℃，而其大气的成分以二氧化碳为主。萨根和其他行星物理学家研究的结果是：大量的二氧化碳能使金星的表面变成一个巨大的温室，其温度高到生物无法生存。因此，空气中少量的二氧化碳能使地球的温度在冰点以上。可是，如果只多了一些，后果怎样呢？许多大气物理学家开始研究二氧化碳对地球表面温度的影响及后果。

自1750年以来，就有空气中二氧化碳成分的记录。1750年0.028%，1960年0.032%，到了2020年，已经增加到0.041%。有许多因素影响到地球的平均温度，因此地球的平均温度也不是固定值。上面说到的地球平均温度是14.6℃。自1860—1920年，虽然平均温度有起伏，可是几乎没有大变化。可是自1920—1980年，增加了0.4℃，而自1980—2020年，一共增加了0.8℃。一般的大气物理学家研究的结论是：这迅速的增加和此期间的人类活动有关，即大量焚烧化石燃料，尤其是石油。大气温度的增加，主要有两个后果：一是大气中的水分增加，二是海平面的增高。自1993—2017年，按人造卫星的直接测量，海平面已经增高了80毫米。按这种增加倾向，到了21世末，海平面会再增高10厘米。许多大城市都建筑在沿海，因此会有陆沉的现象。许多低洼的国家，如孟加拉国，会受到更大的影响。而著名的水上城市如威尼斯，会受到非常严重的损害。而还有其他的间接灾祸，空气中水分的增加会增加狂风暴雨的威力。实际上，最近十数年的暴雨已经造成许多水灾，如中国近年来的暴雨，已使三峡水坝不得不泄洪。年纪较大的读者（如我）已经看到近20年来气候的严重变化了。

这是人为的灾祸，就如臭氧层的消失一样。可是，石油的燃烧已成为现代文明不可避免的需求。因此，商业利益和人类未来的冲突不可避免。商业利益是目前的问题，而气候带来的灾害是下一代，甚至再下一代的问题。这就是危机存在的主要原因。在臭氧层的例子中，这一代的人就会受害，因此有立刻解决的必要。而二氧化碳的问题是下一代，甚至好几代之后的人类的，许多人想不到那么长远，因此，人们对付气候问题的心态并不一致。本书中，萨根提到两位希腊时代的人物：一位是国王克里萨斯，另一位是神话中的美女卡珊德拉。克里萨斯的国家非常富有，发明了欧洲第一个金属制的钱币。可是这国王非常贪婪，想要去征服比他的国家大的波斯。按当时的风俗，他去位于德尔斐城的阿波罗神庙中求神谕，如果他向波斯开战，后果如何。神谕说：他会毁灭一个强大的王国。这是一个模棱两可的回答（和中国算命先生给的预测类似）。在过度自信之下，他认为神谕说要毁灭的是波斯。他去开战了，非但没打败波斯，反而变成波斯的属国。后来的史学家批评说，应当去问哪一个国家会输。对当今两强对垒的局面，这是应当警惕的。

而在现在气候的变化问题上，更具警惕性的是卡珊德拉的准确预测。至少在美国，这已成为非常大的问题。卡珊德拉的故事如下：阿波罗看中了卡珊德拉，要想一亲芳泽，就给了卡珊德拉预言的本领。可是，卡珊德拉得到这份宝贵的礼物后，突然变卦。阿波罗大为愤怒，可是他没有把他送出去的礼物收回的本领。因此，他给这个预言本领加上了一个诅咒：她的预言会很准确，可是没有人会相信。卡珊德拉是特洛伊国王的女儿。卡珊德拉做了许多预言，都是正确的。她预言，以后特洛伊会被卷入一场战争，还会在这场战争中失败导致灭国。可是没有人相信。后来，特洛伊果然被阿伽门农所率的海军以木马计攻破。

自1980年以来，大气物理学家就预测了大气中二氧化碳增加会导致的后果，即全球变暖的“温室效应”。可是，因为石油（包括油气）是美国经济很重要的一环，因此所有石油及有关的工业主管都反对该预测。他们收买了一批科学家替他们辩护，说这些后果仅是一种意见。既然是意见，就会有其他不同的意见。这些被收买的科学家，提出其他气候变暖的理由，如数据不够精确，或变暖来自太阳变热等。这种态度使得那些努力研究的科学家变成现代的卡珊德拉。可是最糟的是，这种把科学成果变成“意见”的态度已经变成一种在美国流行的意识形态，一种时尚。例如，在美国，有一批人——都不是真正的科学家——信口开河说，心理上的自闭症来自接种的各种疫苗，如水痘、麻疹等。而这些自命的专家创出不少理论，制造谣传来“证明”他们的理论。而令人难以置信的，他们居然形成了不小的势力，再加上一些宗教影响，这种反对的倾向变成对公众卫生的一种大威胁，有些州不得不立法，如果小孩不接种疫苗将不得到公立学校上学。而在二氧化碳和地球大气温度的上升这事上，有不少非科学家，甚至未完成高中学业的“老粗”纷纷提出反对的意见。甚至前任美国总统特朗普都提出，“温室效应”是左派（自由派，liberal）的科学家们发明出的骗术，有许多像他一样的“聪明人”是不会相信的。因此，在科学最发达的美国，还有一大批不相信科学的人——反卡珊德拉派的人。目前美国是受疫情之害的“第一名”，可是还有一大批不信有疫情的人，而且许多都处在能左右政策的地位。

另一个最糟的情况，是把所有防止疫情的传播的措施“政治化”了，如特朗普总统不戴口罩，因此，预防疫情传播的最简单的措施——戴口罩，也变成一个反对的政治标题。

一位久居美国，现在回到她的祖国意大利的妇女，在给她一位美国作家朋友的信中，感叹地写出：“我现在观察到的是，疫情没有带来创造性的思维；相反，它加深了所有最糟的、最具典型性的及毫无理性的思想。对贵国的现状，我感觉到一种悲哀，贵国已经被蒙罩在一种极可怕的、毫无理性的攻击之下。我从贵国得到了许多物质及非物质上的东西。我热爱贵国，可是我感到非常悲哀。”该美国作者写了一篇长长的关于疫情的文章，文中对她的回答是：“我理解她那么悲观的评估，可是我也感觉到美国很可能已经处于要做出决定性的、大幅的改变的边缘。和战争及（1929年）大萧条一样，这次疫情等于给整个（美国）社会照了一次X光，让我们可以看到破碎的骨骼。很可能，美国人不会对这场疫情所暴露出的裂缝有所动作。这些裂缝是：种族的不平等，政府的无能，带极端毒性的两党之争，对科学的不尊重，在万国中的地位的下降和社会各界之间的摩擦。我要多加一句，当人民面对他们的困难时，他们就有再改造的机会。可是我和她有一个共识：只要我们大家都困在这个现状里不能自拔，我们的社会不会有所改进。”

如果萨根还在世，也许这些也是他心中想说出的话。

2020年10月

于北波多玛威马里兰州

目　录

第一部分　量化的力与美

第一章　亿亿万万 / 003

第二章　波斯棋盘 / 015

第三章　周一夜狩猎者 / 030

第四章　上帝的注视和滴水的水龙头 / 044

第五章　4 个宇宙级问题 / 060

第六章　如此多的太阳，如此多的世界 / 070

第二部分　保守分子在保守些什么

第七章　邮寄来的世界 / 081

第八章　环境：要小心谨慎什么 / 088

第九章　克里萨斯及卡珊德拉 / 098

第十章　一片天空不见了 / 106

第十一章　伏兵：全球变暖 / 126

第十二章　从埋伏中逃出 / 148

第十三章　宗教和科学的联盟 / 170

第三部分　感情与理智的冲突

第十四章　公敌 / 185

第十五章　人工流产：能不能同时拥护“生命至上”和“自愿至上” / 200

第十六章　游戏规则 / 219

第十七章　葛底斯堡与现在 / 234

第十八章　20 世纪的三大创新 / 248

第十九章　行经死荫的幽谷 / 258

尾　　声　卡尔不死 / 269

第一部分

量化的力与美

第一章
亿亿万万

有些人……认为沙粒的总数是无穷大的……也有人不作如是想，但也认为，目前还没有一个大到可以计量这总数的数字……而我要尝试给你们看些数字，它们不但可以计量把整个地球都装满的沙粒总数，还能计量把整个宇宙都装满的沙粒总数。

阿基米德（Archimedes）

《数沙者》（*The Sand-Reckoner*）

始作俑者约翰尼·卡森[1]

老实说，我从未说过“亿亿万万”（billions and billions）。噢，

---

① 约翰尼·卡森的《今夜秀》曾创下美国电视史的纪录，播出了20年。他专请名人来，开些好笑而无伤大雅的玩笑，很受大众欢迎。卡森于2005年过世。

我只说过可能有1000亿（100 billion）个星系及100亿兆（10 billion trillion）颗恒星。谈起宇宙，很难不用很大的数字。在广受大众喜爱的收视率很高的电视系列节目《宇宙》（*Cosmos*）中，我是说了很多次“10亿”（billion）。可是我从未说过“亿亿万万”。我不说的原因之一是：这字眼太不精确了。“亿亿万万”中有多少个“亿”？数十亿？200亿？1000亿？“亿亿万万”太笼统了。后来我们重新整理这档节目，加入更新材料时，我再三核验过——真的，我从未说过。

可是约翰尼·卡森（Johnny Carson）说过，在他主持的《今夜秀》（*Tonight Show*）中说的，我前前后后上过30来次节目。他穿着一件灯芯绒上衣，一件翻领套头衫，戴一顶好像是粗棉絮拖把做的假发。他这种粗略的模仿，看上去就像是我的一种分身。他以这副样子出现在深夜的电视荧幕上，不时地念叨“亿亿万万”。每次他以这种装扮主持《今夜秀》的第二天，我的同事都会来向我报告。起初，我对这种针对我个人的搞笑伪装有些反感（尽管是这副打扮，约翰尼·卡森——一位相当认真的业余天文爱好者——在模仿我的时候也讲真科学）。

《今夜秀》拍摄现场的卡尔·萨根（左）与约翰尼·卡森（摄于1980年5月30日）

令人惊讶的是，“亿亿万万”这个词居然流行了起来。人们喜欢它的声调和意思。一直到最近，无论是在大街上、飞机上，甚至在社交晚会中，常常有人把我叫住，并用有点不好意思的神情轻声地问我，能不能说一遍“亿亿万万”给他们听——只说给他们听。

“你知道，其实我并没有说过。”我告诉他们。

“不要紧，”他们回答，“就说说吧。”

有人告诉我，福尔摩斯从未说过“我亲爱的华生，这太简单了”。（至少在亚瑟·柯南·道尔的原著中没有说过）[1]著名反派电影明星詹姆斯·卡格尼（James Cagney）从未说过“你这只肮脏的老鼠”。[2]大明星亨弗莱·鲍嘉（Humphrey Bogart）也从未说过“山姆，再弹一次吧”。[3]可是，他们不如就承认说过算了，因为这些伪语已经在不知不觉中深深地嵌入当下流行的文化中了，弄得大家真假不辨。

一些计算机杂志还不断提到，我说过这个愚蠢的词语（譬如：有杂志写过，“卡尔·萨根会在这种场合下说，要用到‘亿亿万万’个字节。”）报上关于经济的报道，或讨论职业运动员的薪金，或其他类似的情形下，也不断地引用这个词语。有一阵子，我的反应是一种孩子气的愠怒，我绝不说或写出这个词语。即使有人请我说我也不说。可是，现在我已经不在乎了。因此，作为我说过的证明，你们仔细听着：

---

① 在福尔摩斯的电影中，华生变成个傻助手，破案后总莫名其妙，每次破了案，福尔摩斯给华生解释时，开口白就是“It is elementary, my dear Watson.”（我亲爱的华生，这太简单了。）人们喜欢这腔调，因而这句话很流行，到现在还很流行。

② 卡格尼在银幕上并没有说过这句话，唯一和这句话有些相似的是1932年《出租车！》中的台词：“出来受死吧，你这个肮脏的、黄肚子的老鼠，要不然我会把你从门里揪出来！”

③ 出自《卡萨布兰卡》的对白。但实际没有人说过这句话，实际台词是“You played it for her, you can play it for me!”（你为她弹过，你可以为我弹！）剧中只有过类似的台词“Play it once, Sam”（弹一次吧，山姆）“Play it, Sam”（弹吧，山姆）。

“亿亿万万。”

大数进化：从百万、十亿到千亿

为什么“亿亿万万”会如此流行？以前，英语中用“百万”（million）来形容一个很大的数字。极富有的人被称为百万富翁（millionaires）。在耶稣基督的年代，全世界的人口只有2.5亿（250 million）。1787年，美国开立宪大会的时候，全美人口有近400万（4 million）人。第二次世界大战开始时，美国人口则有1.32亿（132 million）人。地球到太阳的距离是1.5亿（150 million）千米。第一次世界大战的死亡人数约4000万（40 million）人，第二次世界大战的死亡人数约6000万（60 million）人。一年最多有3170万（31.7 million）秒。20世纪80年代末，全球核武器的爆炸威力可以毁灭100万（1 million）个广岛大小的城市。很长的一段时间，任何要用到大数的场合，“百万”都是足够大的数字。

可是，时代不同了。现在世界上有一大堆的十亿富翁（billionaires）——这不全然是通货膨胀之故。科学家们估算出地球的年龄为46亿（4.6 billion）年。全球的总人口正冲向60亿（6 billion）[①]。在你的两个生日之间，地球又绕了太阳一圈——10亿（1 billion）千米（地球绕太阳运行的速度比旅行者号[②]离开地球的速度要快很多）。4架B-2轰炸机（最新式

① 20世纪90年代数据。

② 旅行者1号和旅行者2号是1976年美国发射的宇宙探险宇宙飞船，从火星、木星、土星、天王星，一直探测到海王星，一共走了20多年。我们对这些行星的认识都来自这两架宇宙飞船。现在它们穿越太阳系最外圈的行星和矮行星（海王星及冥王星），向星际空间运行，速度约每小时6万千米。

的隐形轰炸机）的总价是10亿（1 billion，也有人说需要20亿，甚至是40亿）美元。如果把所有隐藏在其他预算中的国防金额都算上，美国每年的国防总预算将超过3000亿（300 billion）美元。万一美国和俄罗斯真的打起核战，直接死亡的总人数将达到10亿（1 billion）人。而10亿（1 billion）个原子接排起来，总长只有10厘米左右。当然，还有数十亿（billions）的恒星和星系遍布于宇宙中。

1980年，当《宇宙》播出时，人们的心理已经准备好接受"十亿"这个词了。说"百万"已稍嫌寒酸、老式，好像很吝啬似的。实际上，这两个词的英文发音几乎一样，很容易混淆，要仔细听才能分辨出来[①]。因此，当我出演《宇宙》时，在发"十亿"的音时，我特别强调了"b"这个破裂音。有些人听了节目中的发音，还以为我有发音上的缺陷，或是我个人特别的腔调。可是，若不强调"b"这个音又不想引起误会，那就要用电视播音员的说法："这是b开头的'十亿'。"这听上去多拗口。

有一则流传很久的老笑话。在一个星象馆中，一位讲解天文的先生告诉听众说，再过50亿年，太阳会膨胀成一颗巨大的红巨星，吞噬水星及金星，甚至可能把地球也吞进它的大气中。先生讲完后，一名很焦急的听众拖住他问道：

"对不起，博士，你是说太阳在50亿年后会烧毁地球？"

"是的，大概就是这数字前后。"

---

① 人们正常讲话时没有这个问题。这是因为人耳接收声音信号的频率范围在20~20 000赫兹，而这些爆破音（如b、p、c等）在拼读时，其区别就在爆破发声的音前声，这些音前声的频率都很高，在4000赫兹以上。一般的麦克风频率都不高，而差一点的扬声器（如廉价电视机中用的）的频率也不行。因此，在讲电话时peter和beter往往分不清，因此西方发明了一套方法，以单词代字母以区分，例如a念成able，z念成zebra等。由于这个频率的问题，电视节目中的发音就和普通发音稍为不同。如果有很易混淆的单词，如billion、million就加上注解，或如萨根做的，强调爆破音。

“真要感谢上帝，有一阵子我还以为你说的是500万年呢！”

其实，不管是50亿年或是500万年，对我们个人的生命来说，都毫无意义，我们最感兴趣的还是地球的最终命运。可是“百万”和“十亿”间的区别，对国家的财经预算、世界人口、核武器伤亡人数等议题是“性命攸关”的。

尽管“亿亿万万”还是很流行，可是它代表的数目已经开始给人一种小家子气、视野窄、快过时的感觉。一个更时髦的数字已经出现在地平线上静候我们了，也许很快就要流行起来——那就是“万亿”（trillion）。

目前，全球军备每年开销几近1万亿美元。所有发展中国家向西方银行贷款的总负债额正接近2万亿美元（1970年时，只有600亿）。美国联邦政府的年总预算也正逐步逼近2万亿美元。美国的国债是5万亿美元。在里根总统年代提出的，技术可行性很成问题的“星球大战”①计划的估价1万亿~2万亿美元。地球上所有植物的总重量约为1万亿吨。恒星和“万亿”之间有某种天然的密切关系：我们的太阳系到最近的恒星系统——半人马座α星（Alpha Centauri）的距离约为40万亿千米。

1后面跟了多少个0

在美国的日常生活中，人们对百万、十亿、万亿这三者的混淆程

① 在里根总统时代，智囊团提议，在地面造一个威力奇大无比的激光武器，如有导弹打过来，就可用激光摧毁它。当时，有一个极为流行的电影系列，《星球大战》（*Star Wars*），其中就有激光武器，因此这个计划有了一个别名——星球大战计划。从科学技术的观点来看，此计划的可行性很小，可是里根说服了国会启动这项计划。

度，已到了近乎流行病的状态了。在电视新闻报道中，几乎每星期都可以看到此类乱用（多数混淆都是搞不清究竟是百万还是十亿）。因此，也许你们可以原谅我，在此“话外生枝”，花些时间来阐明这些数字之间的差异。百万是1000个“一千”，写成数字是1后面跟了6个0；十亿是1000个“百万”，写成数字是1后面跟了9个0；万亿是1000个“十亿”（或100万个“百万”），写成数字是1后面跟了12个0。

这是美国的传统用法。有很长的一段时间，英国的“十亿”是美国的“万亿”，而英国人把美国的“万亿”用较合理的写法，写成1000个百万（1000 million）。欧洲人则把英国的“十亿”（美国的“万亿”）叫成milliard。我小时候集过邮。我有一张未用过的德国邮票，是在德国通货膨胀最高峰时发行的，票面价值是50 milliarden（德文的milliard）。寄一封信要花上50万亿马克的邮资（当时，人们用载货的独轮车装钱去食品店或糕饼面包店购物）。由于美国在世界上的影响力，这些迥异于美国的数字用法已经逐渐被淘汰掉。现在，milliard这个单词几乎很难看到了。

一个绝不会搞混上述超大数字的办法是，数一下1后面跟了多少个0。可是，如果0的数目太多，数起来就有点费事了。这就是我们在每3个0之间加入逗号或空格的原因。因此，1万亿的写法是1,000,000,000,000或1 000 000 000 000（欧洲人用句点“.”代替逗点“,”）。至于那些比万亿更大的数字，你就要数一下有多少3个0的小节了。如果有种方法能让我们立刻看出有多少个0，那我们碰到一个很大的数字时，理解起来就会容易很多了。

指数表示法

科学家和数学家都是务实之人，他们发明了一套实际的计数方法，叫作指数（exponent）法。首先，你先写下数字10，然后在它的右上方写下一个字体较小的上标（superscript）数字，显示1后面跟了几个0。因此，10^6=1 000 000；10^9=1 000 000 000；10^{12}=1 000 000 000 000，以此类推。这些上标数字就叫作指数，又称次方；例如，10^9就称为10的9次方（或10的9次幂）。其中10^2和10^3为例外，分别称为10的平方和10的立方。“次方”和其他许多科学术语——如“参数”（parameter）——已逐渐渗透到我们的日常生活用语中，可是它们的词意经常被曲解。

使用次方的一个好处是清晰不易弄错，它的另一个好处是，当两个很大的数字相乘时，乘数的指数就是这两个数字的指数和，因此，$1000 \times 1\,000\,000\,000 = 10^3 \times 10^9 = 10^{12}$。再举一个更大的数字为例：如果每个星系中平均有$10^{11}$颗恒星，且宇宙中有$10^{11}$个星系，那么宇宙内的总恒星数就是$10^{22}$颗。可是有许多人一看见数字就胆怯，自然对数学产生一种莫名的反感，怕用次方这个符号（尽管次方的应用真的避免了不少麻烦），而且排版人员还常常排错上标数字，例如把10^9排成109（这本书的排版人员可以说是例外）。

第12页的表显示了几大常用大数词语，每个词语都比上一个增加1000倍。在英文用语中，万亿以上的词语就很少用到了。如果你每秒念一个数字，你要不停地数一个星期才可以数到百万，花半生的时间才可以数到十亿。即使你从宇宙诞生时就开始数，你还数不到10^{18}。

从宇宙诞生时就开始数数

英文用语	中文	数字	科学计数符号	计数时间
One	个	1	10^0	1秒
Thousand	千	1000	10^3	17分
Million	百万	1 000 000	10^6	12日
Billion	十亿	1 000 000 000	10^9	30年
Trillion	万亿	1 000 000 000 000	10^{12}	32 000年（比人类历史长）
Quadrillion	千万亿	1 000 000 000 000 000	10^{15}	3200万年
Quintillion	百亿亿	1 000 000 000 000 000 000	10^{18}	320亿年（比宇宙年龄大）

更大的数字名称是：

sextillion（10^{21}），septillion（10^{24}），octillion（10^{27}），nonillion（10^{30}），和decillion（10^{33}）。地球的质量是6 octillion克。

还有一些科学计数符号或指数也有名称。如：电子的大小级别是飞米（又称费米，femtometer，10^{-15}m）；黄光的波长为半微米（0.5 μm）；人眼勉强可以看到0.1毫米（10^{-4}m）大小的小虫；地球半径为6300千米（6300千米 = 6.3 Mm = 6.3百万米）；一座山的重量可能有100 petagrams（100 pg = 10^{17}克）。所有的数字前缀在下表列出：

前缀	简写	中文	指数式数字
atto-	a	阿	10^{-18}
femto-	f	飞	10^{-15}
pico-	p	皮	10^{-12}
nano-	n	纳	10^{-9}
micro-	μ	微	10^{-6}
milli-	m	毫	10^{-3}
centi-	c	厘	10^{-2}
deci-	D	分	10^{-1}

续表

前缀	简写	中文	指数式数字
deka-	—	十	10^1
hecto-	—	百	10^2
kilo-	K	千	10^3
Mega-	M	兆	10^6
giga-	G	吉	10^9
tera-	T	太	10^{12}
peta-	P	拍	10^{15}
exa-	E	艾	10^{18}

轻松与大数字打交道

一旦你熟悉了指数的用法，你就可以轻松地与极大的数字打交道了。例如：一茶匙土壤的微生物数约为10^8个，地球上所有沙滩的沙粒数约为10^{20}粒，地球上的生物总数约为10^{29}个，所有生物的原子数约为10^{41}个，太阳的原子总数约为10^{57}个，宇宙中的基本粒子，包括电子、质子、中子等，约为10^{80}个。这并不是说你的脑中就有了一个十亿或万亿的想象图像——没有人有。可是，一旦用了指数符号，你就能想象或运算这类大数字了。对最开始一无所知，只会用手指或脚趾来计算他周遭同伴的原始人类而言，有这样的计算能力已算是不错的了。

大数字是现代科学的一部分，可是我不希望留给人们一个印象，就是大数字是当代的产物。

在很早的时候，印度人的数学就引用了极大的数字。你在现代的印度报纸上可以看到罚金或预算中都用了拉克（lakh，10万）或克罗尔（crore，crore等于100 lakh）来计算。印度人用了以下的代词：das = 10、san = 100、hazar = 1000、lakh = 10^5、crore = 10^7、arahb = 10^9、crahb = 10^{11}、 nie = 10^{13}、padham = 10^{15}、sankh = 10^{17}。在古墨西哥文明被欧洲人摧毁之前，玛雅人对世界的历史自有一套时间的标尺，这标尺与欧洲人以前公认的、小得可怜的宇宙年龄①相比真有天壤之别。在那些位于金塔纳罗奥州（Quintana Roo）科巴区（Coba）②逐渐被风化的古建筑遗迹中，有碑文显示，在古代玛雅人的想象中，宇宙的年龄为10^{29}年。古印度人认为目前轮回的宇宙③的年龄约为8.6×10^{9}年——几乎和现代科学估计的数字相符。而在公元前3世纪，一名西西里岛的数学家，阿基米德，写了一本名为《数沙者》的书，书中估算用沙粒把宇宙装满约需10^{63}颗沙粒。在真正的大问题中，“亿亿万万”只是微不足道的零头而已。

① 此处指的是英国乌雪主教所推断的宇宙年龄。这位主教把《圣经》中创世纪提到的人的年龄加起来，断定宇宙在公元前4004年诞生。

② 金塔纳罗奥州是墨西哥东南部一个人口稀少的州，在科巴区有玛雅人留下的古代建筑遗迹。

③ 印度教认为所有的生命都在一个大转轮上，这转轮从生的一面转到死的一面。自生到死，自死到生，轮回不已。以此理推，宇宙也有轮回。这看上去似无逻辑联系，可是爱因斯坦相对论的宇宙论中有一流派有类似的看法。

第二章
波斯棋盘

世界上没有一个比数学还要更简单、更普遍、少错误，及更明确的语言，能用来描述自然界中万物间的永恒关系。数学似乎是一种人类头脑后天的机能，注定了来弥补人类生命的短促，以及人类感官上的天生缺陷。

约瑟夫·傅里叶（Jean Fourier）[①]

《热学解析理论，初步论述》

（*Analytic Theory of Heat*，*Preliminary Discourse*，1822年）

① 约瑟夫·傅里叶著名的法国物理及数学家，最著名的贡献是把数学函数用三角函数表示出来（叫作傅里叶分析，Fourier Analysis）。此方法是现在分析数据的核心方法，其应用也涉及常用家用电器，如音响、电话、电视等。他也是热学的始祖。

1.85×10^{19}粒麦粒

我第一次听到下面这个故事时，别人告诉我它发生在古代的波斯。可是，这故事也有可能发生在古代印度或者古代中国。不管怎么说，都是很久以前发生过的事了。话说这国家的大维齐尔（Grand Vizier，国王的助手，相当于中国古代的宰相）发明了一种新游戏。玩家按照游戏规则，在一个画了64个红黑交错的方格平盘上，移动各式小块物体。最重要的小块物体代表国王，次重要的代表大维齐尔——这很符合大维齐尔会发明的游戏。游戏的目的是把敌方的国王逮住，因此它的波斯名字是shahmat——shah是波斯国王的称号，mat在波斯文中的意思是死亡。shahmat的意思就是“国王之死”，或简称为“王死”。在俄文中，游戏名还保留了“国王之死”的波斯文原意，叫作“shakhmat”。即使在英文中，这游戏仍然带有一些原名的余响——下棋最后胜利的一步，即把敌方国王逮住的那一步，叫作“将死”（checkmate）。你们一定猜出了，这个游戏就是西方的国际象棋（chess）。时光流转，棋子、棋步，及游戏规则也与时俱进；例如，现代围棋中已没有“大维齐尔”这枚棋子——大维齐尔变形成“王后”，同时权力大增。

真是想不通，为什么一位国王会对“国王之死”的游戏大感兴趣。可是，照这故事的说法，国王显然龙心大悦，他对大维齐尔说：“你自己说，你要什么奖赏。你说什么，我就给什么。”大维齐尔已经胸有成竹，他告诉国王说，他是谦虚知足的人，只要一个很朴实的奖赏。他指了指他发明的有8排横的8排纵的方格棋盘，说他只要一些麦粒，规则是在第1个方格上放1粒麦子，第2个方格上放2粒麦子，第3个方格上放4粒麦子，以后每经过一个方格，麦粒的数目就加倍，直到所有的方格上都堆满了麦子。国王用责骂的口吻向这位大维齐尔说，不行，对这样重要的发明来说，这种奖赏太少了。他要给大维齐尔珠宝、舞伎、华宫。可是大维齐尔低下头，婉拒了这些奖赏。他只想要一小堆的麦子。国王心中不禁称赞起这位大维齐尔，说他的首席顾问是如此谦逊以及克制物欲，于是他立即同意了大维齐尔这个很“谦卑”的要求。

可是，当皇家麦仓长来数麦粒时，国王遭遇了出乎意料的难堪窘境。麦粒的数目开始时很小：1，2，4，8，16，32，64，128，256，512，1024。可是，快到第64个方格时，麦粒的数目大得惊人。事实上，第64个方格上麦粒的数目是1.85×10^{19}粒。也许是因为这位大维齐尔太爱这种高纤维食物，所以才会要这么多的麦粒。

1.85×10^{19}粒麦粒有多重？如果每颗麦粒的大小是1毫米，那么所有麦粒的总重量是750亿吨，远超这位国王的麦仓可以储存的麦粒总量。事实上，750亿吨的麦粒相当于全球在150年内的小麦现产量总和。我们始终不知道这故事的结局如何。是这位国王感到自惭，无法履行他的允诺，而把王位禅让给这位大维齐尔呢，还是这位大维齐尔参加了一种新游戏——“大维齐尔之死”呢？这我们就不得而知了。

大维齐尔的奖赏

现金价值指数增长（减少）

这个波斯棋盘的故事也许只是一个传说。不过古波斯人和古印度人确实都是数学界极为出色的先驱，他们知道当你把数字不断加倍之后，会得出惊人的数字。如果发明棋盘的人不用 8 × 8 的棋盘，而把棋盘加大到10 × 10的话，照每个棋盘加倍麦粒的算法，第100个棋格上的麦粒总重将和地球一样。如果有一数字序列（sequence），每位数字是前一位数字的固定倍数，这个数字序列就叫作几何级数。数字按几何级数增值的过程就叫作指数增长（exponential increase）。

不管我们熟不熟悉它，指数经常出现在我们重要的日常生活领域中。复利就是一个绝佳的例子。假设在200年前，或美国独立战争后不久，你的一位祖先在银行中替你存了10美元，以年息5%计息。以复利计算，累计至今，本息已达$10 \times (1.05)^{200}$或172 925.81美元。可是，很少有如此深谋远虑的祖先会挂念这些后代子孙的福利，何况在当年，10美元也是一笔不小的数目。如果当年那位祖先有办法拿到6%的年息，你现在就有百万财产。如果是7%，你就有750万以上的财富。如果年息是近乎高利贷的10%，现在你已跻身亿万富豪之列，坐拥19亿美元了。

这看来很好。不过通货膨胀也会导致同样的后果。如果每年的通货膨胀率是5%，今年的1美元到明年只值0.95美元，2年后，只值0.91（0.95^2）元，10年后只值0.61美元，而在20年后只值0.37美元，以此类推。这样的贬值，对那些不按通货膨胀率调整，只领取固定退休年金的退休者而言，的确是个残酷的现实问题。

如何计算发明棋盘的大维齐尔向国王要求的麦粒总数

不要怕！这项计算真的很简单。我们现在要计算波斯棋盘上所放麦粒的总数。一个简洁优雅的计算方法如下：指数告诉我们要把一个数字乘自己几次，$2^2=2\times2=4$，$2^4=2\times2\times2\times2=16$，$2^{10}=1024$，等等。第1格上的麦粒是1，第2格是2，第3格是$2^2$，第4格是$2^3$，第64格是$2^{63}$，如果用$S$代表棋盘上的所有麦粒的总数，那么：

$S=1+2+2^2+2^3+\cdots\cdots+2^{62}+2^{63}$

我们把上式乘以2，得到：

$2S=2+2^2+2^3+\cdots\cdots+2^{62}+2^{63}+2^{64}$

注意，$2S$比S多一个2^{64}，少一个1。如果用$2S$的方程减掉S的方程，所有其他项都消掉了，只剩下两项，就是我们的答案：

$2S-S=S=2^{64}-1$

这就是正确答案。

如果用我们熟悉的十进制来表达2^{64}，是多少呢？当然，可以用计算机来算，不过还有一个更简单的方法。注意，$2^{10}=1024$，因此2^{10}约为$1000=10^3$（准确度，24%），$2^{20}=2^{(10\times2)}=(2^{10})^2\approx(10^3)^2=10^6$，约为100万。因此$2^{60}=(2^{10})^6\approx(10^3)^6=10^{18}$，所以$2^{64}=2^4\times2^{60}\approx16\times10^{18}$，或16后面跟了18个0。用计算机算出的正确答案是1.85×10^{19}。

天然障碍阻止指数增长

最常见的指数增长现象是生物界的生殖过程。我们现在来看一下简单的细菌生殖问题。细菌的生殖方法是二分裂。过了某个时间，1个单细胞细菌就会一分为二，成为2个第二代细胞。再过一段时间，这两个第二代细胞又会各自一分为二，产生4个细胞。只要有充分的食物，且环境中无毒素，这一细胞群的数目将以指数方式增殖。若环境适宜，细菌可能每15分钟就繁殖1次，1小时内就繁殖4次，一天繁殖96次。虽然每个单细胞细菌的重量只有一万亿分之一克，经过一天的无限制无性生殖后，细胞群的全部重量相当于一座山；一天半后，其总重将为半个地球；两天后，其总重将超过太阳，要不了多少时间，全宇宙中都将弥漫这种细菌。这后果当然是不堪设想的。很幸运的是，这个假想的后果永不会发生。为什么？因为像这样的指数增长总会遇到一些天然的障碍。这些小生物不久就没食物可吃了；或者它们消化食物后排泄出的废料成为毒死自己的毒素；或因为空间太拥挤了，没有隐私，它们开始对生殖感到害羞；等等。指数增长不可能无穷无尽地进行下去，因为不久就会耗尽所有资源。而早在把资源耗尽之前，可能已经遇到一些阻碍指数增长的因素了。因此，指数增长的曲线将趋于平缓（见图示）。

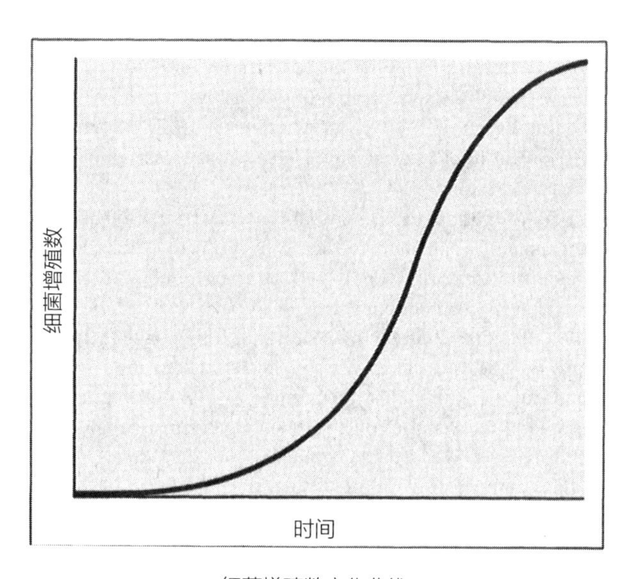

细菌增殖数变化曲线

这种阻止指数增长的特性对于预防艾滋病的流行蔓延十分重要。现在，许多国家的艾滋病感染人数以指数方式激增。目前，每年感染艾滋病的人数加倍成长。如果长此以往，后果将不堪设想。10年内，感染人数将为目前的1000倍；20年后，是100万倍。可是，如果真达到100万倍的话，艾滋病感染人口将超过现在全球人口的总数。如果每年的艾滋病人数持续倍增，且没有任何天然的障碍，也没有治愈艾滋病的新药研发出来（目前真的没有），那么按此推测，全球人口都将在短期内死于艾滋病。

可是，有些人对艾滋病天生就有免疫能力。而且，按照美国公共卫生署传染病中心（Communicable Disease Center of the U. S. Public Health Service）的调查及研究，美国感染艾滋病的人数每年确实在加倍增长，而且初期罹患艾滋病的病人，几乎只限于某些易受感染的高危险族群，例如男同性恋者、血友病患者（hemophiliacs），或使用注射式毒品的瘾君子。如果艾滋病真的无药可医，则那些交换针头、使用注射式毒品的瘾君子大部分都会死亡——不是全部，因为有极少数的人，天生就对艾滋病免疫，可是其他患者几乎都将难逃一死。同样，那些经常交换性伴侣，而又不采取安全性措施的男同性恋者，都将死于艾滋病。例外的是能安全地使用保险套，或长期保持单一同性伴侣的男同性恋者，以及一些天生对艾滋病免疫者。自20世纪80年代初以来（艾滋病自20世纪80年代才开始出现），始终维持长期单一夫妻关系者，或那些具有高度警戒性，且采行安全性措施者，以及不和其他人交换针头的毒品使用者——有许多这种人——基本上都是和艾滋病病源绝缘的。

在人口统计学上，一旦这几类高危险族群的总感染人数的增值曲线趋于平缓（即感染人数不再以指数方式增值后），其他族群的人——在目前的美国，似乎是年轻的异性恋者（heterosexuals）——就会取而代之。他们对性爱的狂热几乎淹没了他们的理智，常放弃安全的性措施来取乐。他们未来多会死于艾滋病，可是总有些幸运的免疫者或有节制的人可免于一死。等到这一波感染过去后，下一波高危险群体又会出现——也许是下一代的男同性恋者。最后，当大多数高危险族群成员都相继死于艾滋病后，这些以指数曲线激增的总感染人数的曲线将变得平坦，不再以指数增加。因此，死于艾滋病的人数将会远少于全球总人口数（对死于艾滋病及深爱这些死者的人来说，这种安全保证并不会减轻他们心中的悲恸）。

全球人口指数增长

指数式的增值也是世界人口增加危机的核心问题。自人类出现在地球上以来，世界人口总数一直相当稳定，每年出生人口与死亡人口的数目几乎相同。我们称此情形为“稳定态”（steady state）。在人类发明农业后——包括种植和收获小麦，就是那位古代波斯大维齐尔渴望要的那种谷类——地球的人口开始增加，并进入指数增值时代，远离稳定态。目前，人口倍增的时间大约是40年，即每隔40年，人类的数目就要增加1倍。就如1798年，一位英国牧师托马斯·马尔萨斯（Thomas Malthu）所言，人口以指数增值时——马尔萨斯称之为几何级数增值——其粮食需求会超出所有能想象到的粮食增产供应量。没有任何的绿色革命①、水植法②、化沙漠为良田的方法，能够满足以指数增值的人口需求。

① 绿色革命（green revolution）是20世纪60年代开始流行的一个词语，是发达国家在第三世界国家开展的农业生产技术改革活动。

② 水植法（hydroponics）是一种无土耕耘法，把植物的根浸在含有养料的水中。理论上可以在沙漠中耕耘，可是成本很高，而且沙漠中本来就缺水，供应不足。

也没有地球外的解决方法（extraterrestrial solution），即把地球人送到外星去[①]。现在，每天出生的婴儿数比同日的死亡人数多出24万。我们目前的科技水平距离每天传送24万人到地球以外的太空还很远呢！载送人类移民至绕地球轨道上的太空站，或移居月球，或其他星球，对解决地球人口增加的问题帮助十分有限。即使我们发明了能以超光速移民银河系的科技，也无济于事。若维持目前的人口增长率不变，1000年内，所有银河系中可居住的行星将人满为患，除非我们能够控制世界人口的增长。因此，千万不要低估指数增长的能力。

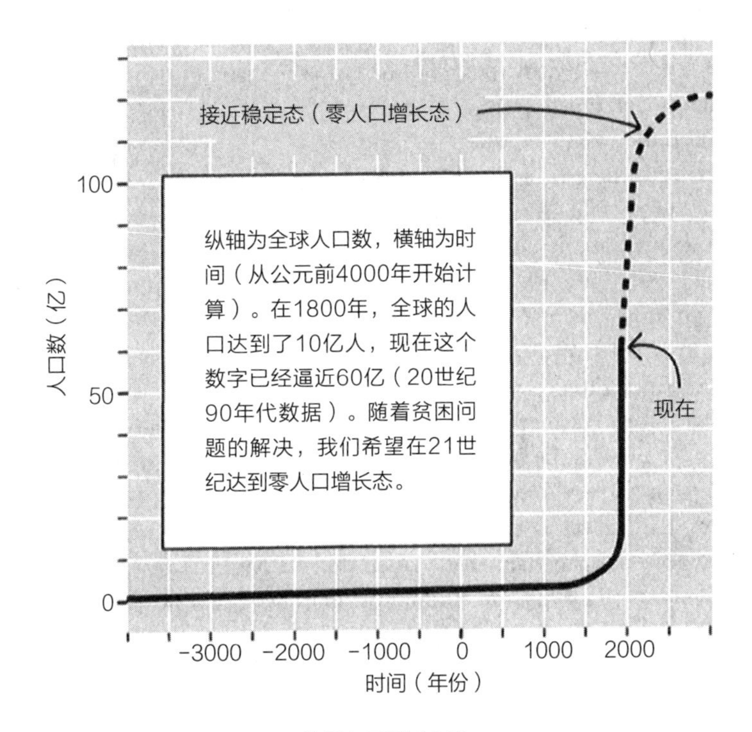

世界人口增长曲线

① 在另一书《暗淡蓝点》（*Pale Blue Dot*）中，本文作者提及人类移居太空及其他行星的可能，这种移居叫作地外移居。

上图显示的是随时间变动的世界人口增长曲线。很明显，我们正处在一个以指数增长的疾速上升阶段。许多国家——例如美国、俄罗斯、中国——已经到达，或许不久就会到达人口增长停止的状态，这表示离稳定态已不远了。这种状态叫作零人口增长态（zero population growth，ZPG）。但是由于指数增长的威力实在太大了，只要世界人口中有少数的社区或国家人口继续以指数增加，世界人口问题依然不会改变——即使许多国家已经处于零人口增长的稳定态。

协力推进人口转变

许多论述周详的文献指出，在世界各处，高生殖率和贫困之间具有相关性。不论大国或小国、资本主义或社会主义国家、天主教或伊斯兰教国家、西方国家或东方国家——几乎在所有国家，一旦贫困消失，人口就不再以指数增长或者会增长减缓。我们称此现象为“人口转变”（demographic transition）[①]。从人类长期利益角度来看，这种人口转变一定会在世界上任何一个角落实现。这就是为什么所有的大国都应当帮助其他国家达到经济自足：这么做不仅基于人道主义，而且对富有国家来说，这样的援助既利人也利己。世界人口危机的核心问题之一就是贫困。

可是有些国家不符上述的人口转变，这些例外现象十分有趣。有些国家虽有较高的平均个人所得，可是出生率仍然居高不下。在这些国家，人们不知道如何避孕，也几乎找不到避孕的用具。也许这和这些国

① “人口转变”是汤普逊于1929年提出的理论，它试图解释19世纪以来发达国家的人口变动情况。根据这一理论，随着经济发展和医疗生活条件的变化，世界人口的增长大体经历了高出生率与高死亡率并存、死亡率下降但出生率仍维持较高水平和出生率与死亡率同时下降3个阶段。

家的妇女缺乏政治力量有关。我们不难理解二者间的关联。

目前世界的人口已经有60亿了。40年后，如果这种人口加倍增长的速度不变，全球人口就会增加到120亿；80年后，240亿；120年后，480亿。没有几个人认为我们的地球资源可以维持这么多人的生计。从经济面来看，鉴于指数增长的威力，现在处理全球的贫困问题要比数十年后再用任何妙计来解决指数增长问题少花许多钱。我们的任务就是使世界各地都能实现这种人口转变，让目前以指数方式上升的总人口曲线变得平缓——消除难挨的贫困，使可靠、安全的避孕方法和用具传播到世界上每一个角落，同时，赋予妇女真正的政治力量（在行政、立法、执法、军事各方面，以及能影响大众意见的机构方面）。如果我们在这方面失败了，其他的自然过程就会替我们解决世界的人口问题，届时我们一点控制力量都没有了。

核裂变

核裂变的原理是在1933年9月，由一位来自匈牙利的移民物理学家利奥·西拉德（Leo Szilard）在伦敦想出的。当时他在想，人类如何能应用那些隐藏在原子核中的巨大能量。他问自己：如果把中子打进原子核，会有什么后果？[①] 当他站在伦敦的南安普敦大道（Southhampton Row）上等待交通信号灯从红转绿时，灵光乍现，他想，自然界中必定有一种物质，一种化学元素，如果把一个中子打进该物质的原子核，

① 一个原子的原子核中的质子数目和绕原子核的电子数目相等，因此原子不带电。因为中子也不带电，可以自由进入原子核，原子核吸收了中子后，就成为另一种原子核，该原子核可能不稳定，从而衰变或分裂。

该原子核会释放出两个中子，而每个放出的中子，又可以引导其他原子核放出两个中子。于是，西拉德的脑海中立刻浮现出链式核反应的景象：以指数增长的中子不断地把这些原子核左一个右一个地摧毁。当夜，在他下榻的斯特兰德宫酒店（Strand Palace）的一间小房间中，西拉德做了一个简单的计算。计算的结果是，如果中子产生的链式核反应控制得宜，仅数磅重的物质所释放出的能量便足以供一座小城用上一年之久……反之，控制不当，就会发生足以把一座城市完全摧毁的爆炸。

西拉德最后辗转到了美国，他开始系统地在所有的化学元素中寻觅吸收中子后可以释放出更多中子的元素。他发现铀元素似乎很有希望。西拉德说服大科学家爱因斯坦写了一封现在极具历史价值的信函给当时的美国总统罗斯福，力劝美国开始制造原子弹（又称核弹）。① 第一个核反应堆于1942年在美国芝加哥调试的时候，西拉德扮演了重要的角色。这个核反应堆的成功促成了后来原子弹制造的成功。可是，西拉德的余生致力于向世界提出警告，这个他首先想出的、威力强大的武器是危险的。因此从某方面来说，他也发现了指数增长的可怕威力。

人人都是亲戚

每个人都有双亲，4位祖父母，8位曾祖父母，16位曾曾祖父母等。每向前追溯一代，直系祖先就增加1倍。你可以看出，这种追溯的形式

① 在第二次世界大战时，爱因斯坦已定居美国，当时西拉德及两位物理学家力劝爱因斯坦上书罗斯福总统，请求总统拨款研究制造原子弹。造原子弹的主要原因是，他们惧怕德国会先行一步造出原子弹。罗斯福总统收到信后，考虑到爱因斯坦的声誉，在和幕僚商讨后，决定施行原子弹计划。

很像我们在本章开头提到的波斯棋盘故事。如果一代以25年计算，那么，在64代以前，或$64 \times 25 = 1600$年前，或者在罗马帝国刚衰败之前，即公元400年左右的时候，每个人的直系祖先数目高达1.85×10^{19}，这还没算和祖先们同辈的亲戚呢！从数学上看来是如此巨大，可是，这数目远远超出全世界现有的人口数，甚至比有史以来的总人口数都还要多。因此，我们的计算方法一定有误。错在哪里？错误在于，我们假设我们的直系祖先都是不同的人。可是事实上，这个假设是不对的。同一位祖先可以通过许多不同的途径和我们存在血统上的关联。我们不断地通过不同的途径重复计算与我们有血缘关系的亲戚——祖代越远，重复得越多。

对全人类来说，我们也可以计算这种血缘关系。如果我们追溯的祖先代够远，世界上任何两个人都可能在某时有共同的祖先。每当选出一位新的美国总统时，一定会有某人——通常在英国——发现，这位新总统和某时代的王后或国王有血缘关系。这种关联往往用来加强英语系人民之间的团结。如果两个人是来自同一国家，或者同一文化，或同一个世界上的小角落，而他们又有记录详细的家谱的话，很可能就会发现他们有共同的祖先。不过无论有没有记录，可以确定的是，血缘关系一定存在。因此我们可以说，在全人类之间，即世界上的任何两个人之间都有表亲关系。

半衰期

另一个经常听到的与指数有关的概念就是“半衰期”（half-life），放射性元素——例如钚（plutonium）或镭（radium）——会衰变成一种比较稳定的“子”元素。这种衰变不是一次完成的，而是按统计方式进行的。经过一段时间后，一半的原子核衰变了，而另一半则没有。这个时间就叫作半衰期。再过一个半衰期的时间，剩下的原子核中又有一半衰变了，剩下来的一半则没有，以此类推。具体来说：如果半衰期是1年，那么在第1年一半的原子核会衰变，在第2年剩下来的原子核的一半会衰变，未衰变的原子核只有四分之一了，再过1年，未衰变的原子核只有八分之一，10年后，原来的未衰变的原子核则只剩下原有的千分之一，以此类推。不同的化学元素有不同的半衰期。在处理核反应堆的辐射性很高的废料时，或者在计算核战争所产生的原子核尘埃时，半衰期的概念是极为重要的。它代表的是指数衰减——指数衰减和以波斯棋盘为例的指数增长类同，一个以指数增长，一个以指数减少。

测定放射性元素的衰变是考古学中鉴定古代时间的主要方法。如果我们可以测量出一个样品中源放射性化学元素，及其“子”元素的成分，就可以确定样品的存在时间。用这一方法，我们发现被天主教视为耶稣圣物的都灵裹尸布（Shroud of Turin）[①]，实际上是在14世纪制作的伪品（事实上，当时的天主教会就力斥此裹尸布为伪品）；在数百万年前，人类的祖先就会用火；最古老的生物化石年龄超过35亿年；地球的年龄是46亿年；宇宙的年龄又要比地球大上数十亿年。如果你了解指数的奥妙，你就掌握了了解许多宇宙奥秘的关键。

如果你对一件事不求甚解，那你就只知其大概而不知其详。如果

① 都灵裹尸布是一片很古老的麻布，4.4米长，1.1米宽，上有一个人像，是十字军东征时一位骑士从中东带回的。传说它是耶稣基督的裹尸布，一直留在意大利都灵的一座天主教堂中，因而得名。它的历史只可追溯到1350年，上面有一个被十字架钉死的人像。天主教会始终没有正式承认或否认这是和耶稣基督有关的圣物。按照研究《圣经》的专家的解说，《圣经》上关于耶稣基督死后尸体处理的描述，不符合能成像的假设。1988年，由梵蒂冈的教廷出资，人们从裹尸布上取了样品用作碳十四同位素测定，发现裹尸布的材料不可能早于1260年，因此它不可能是耶稣基督留下的。

你开始对此事物有定量的了解——有些数值上的认知，而不是自千万种的可能中胡乱猜测——你就开始对它有深入的了解了。你开始了解这事物的美妙，你开始知道它的威力，理解它的规则。对数字怀有恐惧，就等于剥夺了你自己的权利：放弃了理解以及改造世界的最强而有力的工具。

第三章

周一夜狩猎者

> 狩猎的本能……源自古代人类的进化。在许多方面可以看到狩猎和打架这两种本能的结合……这是因为嗜杀是人类最原始本能的一部分，因而很难把这种本能消除，尤其是，现在认为打架和狩猎是一种取乐的方式。
>
> 威廉·詹姆斯（William James）
>
> 《心理学原理》，第二十四章
>
> （*The Principles of Psychology*, XXIV，1890年）

我们对此毫无抗拒力。秋季时，每个星期日下午及周一晚上，我们放下手边所有的事，盯着电视荧幕，看着22个小人活动的影像。他们彼此冲撞，跌倒再爬起来，踢一个由动物皮制成的椭圆物体。在比赛进行的过程中，参赛的运动员和观众们，时而狂喜，时而长吁短叹充满失望。在全美国，人们（几乎全是男性）的双眼紧盯玻璃荧光屏幕，与运动员和现场观众同时发出狂喜声或长吁声。这样想来，感觉这些人可真蠢。但是，一旦你被迷住了，就无法抗拒这蠢事的诱惑了。这是我个人的经验之谈。

运动员们跑、跳、掷、踢、擒抱——看到他们高超的技术是件令人兴奋的事。他们将对方摔到地上；他们用手抓，用棍打或用脚踢一个快速运动的棕色或白色物体；在某些运动中，他们尽力把这物体投入他们称为“球门”的地方；在其他运动中，他们从一个叫作“本垒”的地点起跑，再设法跑回来。团队精神是这些比赛的主题，我们不禁夸赞参赛队员的个人表现，以及这些队员如何相互配合直到最终欢呼着抱作一团。

可是，这些技能都不是我们日常谋生的技能。为什么我们迫不及待地去看这些人追逐或打球？为什么这种乐趣是超越文化隔阂的？（古埃及人、波斯人、希腊人、罗马人、玛雅人、阿兹特克人[①]都有足球式的游戏。）

有些体育明星的年薪是美国总统年薪的50倍。有些体育明星在退休后，被推选进入政府。他们都是国家级的英雄。为什么？到底为什么？这种崇拜体育英雄的行为超越了政治、社会、经济形态及制度的藩篱，普遍存在于人类文明中。它的源起可追溯至古老的年代。

---

① 玛雅（Maya）人和阿兹特克（Aztec）人都是在西班牙入侵美洲前，住在墨西哥地区的印第安人原住民。他们的文化几乎全被西班牙入侵者所毁。现在这两族语言还在墨西哥南部通行。

战争的兄弟

大多数的团队运动都和国家或城市有关。这种关联本身就带有一种爱国及民族自豪的成分在内。我们的团队代表的是“我们”——我们住的地方，我们的同胞们——有别于那些来自不同地区和我们不熟的“外人”，更和我们有敌对行为或想法的“敌人”不同。（老实说，大多数的我队队员不见得真正是“我们”地区的“土著”。他们可以说是雇来的“佣兵”，而且他们还光明正大地，丝毫不觉羞耻地，为了更高的薪金，从一队“叛变”到另外一个城市的队伍去：匹兹堡“海盗队”的队员“改邪归正”变成加州“天使队”的队员；圣地亚哥“教士队”的队员“升级”为圣路易斯“红衣主教队”[①]的队员；“金州勇士”队的队员“晋级”为萨克拉门托“国王队”队员。有些时候，整支队都迁到另一城市去了）

尽管用了团队运动的美名，可是这种委婉的说法像是一层若隐若现的薄纱，掩藏不住真相。坦白说，竞争性的团队运动是象征性的战争，这种看法并非我的首创。美国的彻罗基（Cherokee）印第安人称呼他们的一种古代球戏（后来演变成曲棍球的游戏）为“战争的兄弟”。在美国，有人批评美国大学足球校队的队员是“笨蛋、一无是处、长毛、吹牛、高谈阔论、攻击他人的怪人”[②]。前加州公共教育局局长，马克斯·劳佛蒂（Max Rafferty），在公开指责这些批评者之后，加了一段赞美橄榄球队的总结，他说：“橄榄球的队员……明显有一种高明的作战

① 此处是拿美国球队队名来开玩笑。“红衣主教队”的队名其实和红衣主教无关，Cardinal是红衣主教，也是美洲一种红雀。球队是以这种红雀为名。

② 美国大学的橄榄球队经常饱受批评，因为，即使是入学资格极严的好大学，对于好的高中橄榄球健将，也不惜降低入学门槛，以优厚的奖学金将其招揽进校，甚至还为他们提供免费补习，以帮助他们通过考试，留校代表学校打球。因此许多人看不起学校校队的队员，认为他们是“四肢发达，头脑简单”的笨蛋。

精神，这也是美国的精神。”（这句话真值得思索一下）已故的美国著名橄榄球教练文斯·隆巴迪（Vince Lombardo）有句名言：你唯一要担心的事就是去“赢”。而另一位代表美国首府华盛顿的橄榄球队——红人队（Redskin）[①] 的教练乔治·艾伦（George Allen）的名言则是：输球和死没有两样。

的的确确，我们谈起一场战争的赢输时的严肃口吻，就和谈起一场球赛的输赢一样。美国陆军的电视募兵广告，先出现战争演习的场景，一辆坦克战车把（假想）敌方的战车击毁，然后战车的指挥官转向观众说：“当我们打赢的时候，胜利是属于所有人的，而不仅是一个人的光荣。”听上去多像橄榄球教练在他的队伍赢球后说的话。我们经常听到的是，当一些运动迷看到他们喜爱的队伍输了比赛以后，或者不许对方庆祝得胜，或者觉得裁判不公，之后往往会恣意打架闹事，甚至杀人放火。

1985年，英国首相被迫公开指责一些行为极为粗鲁的英国球迷。他们攻击了一名意大利球队的队员，因为这支球队居然“敢明目张胆，厚颜无耻”地击败了英国代表队。这场闹剧压垮了看台，死了数十人。1969年，在三场极为紧张、胜负难分的球赛后，南美的萨尔瓦多派出坦克越过边界攻到了邻国洪都拉斯，而洪都拉斯也不甘示弱地派出空军轰炸了萨尔瓦多的海港及军事基地等据点。在这类“足球战争”中，死伤者数千。

阿富汗的马球队往往拿敌人的头颅当作马球来打。约600年前，在现今墨西哥的首府墨西哥城的一座球场举行球赛之际，贵族们穿着豪华隆重的礼服，坐在看台上观看身穿制服的球队队员赛球。一旦球赛结束，分出胜负，输球一队的队长被当场斩首，其头颅和历年输球球队队

① 在英语俚语中，“redskin”（意为“红皮肤”）一词指北美的印第安人，且逐渐发展出了贬义。《牛津英语词典》称，这个词“非常有冒犯性”。于2020年7月14日红人队宣布更名。

长的头颅放在一起“示众”。也许采用这种惩罚方式的目的是激发球队无论如何都要不择手段地赢得比赛。

爱国精神的体现

如果你打开电视，看到一场不知名的球赛，例如泰国和缅甸两队的竞赛，而你对它们都没有偏爱，你如何选择自己支持的队伍？可是，稍等一下。为什么一定要支持一队呢？难道就不能好好地欣赏一下球技？大多数人很难接受这种看球法。我们都要“参与”这场竞赛，都要成为其中一队的“成员”。这种要“参与”和“变成成员”的感觉征服了我们的理智，并深植在我们脑海中。“缅甸，加油！”我们不禁在紧张时如此大喊。刚开始，我们的态度会在两队间摇摆，轮流为两队加油打气。有时，我们对占下风的那一队喊“加油”，可是，我们多不忠诚呀！当另一队占了上风，看上去会赢的时候，我们就“倒戈”了，转而支持赢家（如果一队经常输球的话，球迷就不再支持该队，他们的“忠诚”将转移到其他队）。在这种行为中，我们寻求的是不花工夫的胜利。我们心中希望，能加入一场小型的、安全的、能打赢的战争中。

1996年，还是丹佛“掘金队”（Nuggets）后卫的穆罕默德·阿卜杜勒-劳夫（Mahmoud Abdul-Rauf），被美国国家篮球协会（NBA）处罚暂时停赛，原因是他在球赛开始奏唱美国国歌时拒绝起立。他说，对他而言，美国国旗是“压迫的象征”。虽然其他球队的队员不同意阿卜杜勒-劳夫的意见，但都支持他在言论上自我表现的自由。《纽约时报》有名的体育版记者哈维·阿拉顿（Harvey Araton）对这一处罚深感不解。他评价在球赛开始前奏国歌时说：“我们应当面对现实，这是现代世界中一个愚蠢至极的传统。”他接着说，“相反，在第二次世界大战期间，没有人会在棒球赛开始前奏唱国歌。没有人会在运动集会中大声宣扬爱国主义。”我的观点和他们完全相反，我认为运动集会就是一种爱国精神及国家民族主义的表现。[①]

追本溯源话狩猎

人类开始有组织地举行体育集会可回溯至古希腊时代。在举行运动会期间，所有国家、城市之间一律停战。体育比赛比战争要更重要。所有男性运动员都裸体参加，妇女不得参与，也不得观看运动会。公元前8世纪，奥林匹克运动会中的比赛项目多是赛跑（各种赛跑）、跳高、掷物（特别是标枪）和摔跤（有时摔跤者会死亡）。虽然这些运动都不是团队运动，但对现在团队运动的形成很重要。

这些项目都和原始狩猎有关。传统上，只要你不是以猎食为主要目的，狩猎一直被视为一种运动。在这样的限制下，富人当然比穷人占优势。从最早的埃及法老王开始，狩猎一直都是从事军事的贵族们的嗜好。奥斯卡·王尔德（Oscar Wilde）曾这样评价英国的猎狐习俗：“坏得让人不好意思说出口的一群人在拼命追逐不能入口的。”[②] 这句话一

① 这事后来是这样处理的：阿卜杜勒-劳夫答应在奏国歌起立，但他以祷告代替唱国歌。

② 猎狐是一种无目的的游戏，在春季，贵族们穿上骑装，骑着名种的马，带着好看的猎枪、梳洗干净的猎犬，先放走一只狐狸，然后集体去追猎狐狸。游戏的目的不在于捕获狐狸，而是炫耀自己的骑装、马色、猎犬等。这是无所事事、一无所长的贵族们的游戏，因此受到王尔德的讽刺。英文原文是“The unspeakable in full pursuit of the uneatable.”，用了押韵的两个词。这是英文的特色，语气无法译出。Unspeakable意思是太糟糕或太让人震惊，以至无法用语言表达。原句就是说，一无所长而有钱的贵族们没事做，因此想出这种游戏，集体去猎捕那毫无价值（不可吃）的狐狸。

针见血地道出了狩猎的本质。早期的橄榄球、足球、曲棍球及类似的游戏，在当年都被人看不起，叫作“贱民的游戏”，因为人们早就看穿它们全是用来代替贵族狩猎的游戏——必须工作谋求生计的年轻人被禁止参与贵族们的狩猎活动。

最早期的武器一定是狩猎用的工具。团队运动不仅是古代战争的延续，它们还用来满足我们几乎早已遗忘了的渴望狩猎的本能。因为我们对运动有如此深刻而普遍的狂热和爱好，这种嗜好一定已经深深地铭刻在我们的身上——不是铭刻在我们的脑中，而是在我们的基因中。我们放弃渔猎转向农业的时间只有1万年左右，这段时间太短了，进化还无法去除渔猎时代留下的嗜好。如果要了解这种嗜好的特性，我们就一定要追溯到更古老的过去。

人类历史只有数十万年（人科的历史则有数百万年）。我们过上定居生活的时间——以农业及畜牧业为生——只占这段时间的后3%左右，这段定居的时期就是全人类有记录的全部历史。人类现在的一切特性和特征（从生理到心理），几乎都是从人类出现在地球上的前97%的时期内形成的。通过一点简单的算术，我们就可以明白我们为什么可以从一些现在还残存的，未经现代文化影响的，仍以渔猎、采集为生的原始民族那里，了解一些我们过去的历史。

男性狩猎，女性采食

彼时，我们把幼婴和全部家当背在背上流浪——追随猎物、寻找水源。我们在某个地区扎下营地，居住一阵后又移居他处。供应整个团队食物的方法是，男性狩猎，女性采集可食植物。用现代语来说，就是“肉和马铃薯”[①]的生活。一个巡回游猎的全体组员是一个大家庭，有直系、旁系、姻亲及其他亲人，有数十人。每年，语言、文化相同的数百个此类群体的组员，聚在一起，举行宗教仪式，以物易物，安排婚姻对象，互相传播杂闻。杂闻最常见的题材就是关于狩猎的故事。

在这里，我主要讲了男性狩猎者。但当时女性在文化、经济、社会上有相当大的权利。她们采集如硬壳果、水果、块茎（如马铃薯）、根茎（如胡萝卜）等主食及草药，同时猎获小动物，以及报告大猎物的去向。男性也从事食物采集的工作，也参与许多“家务事”（虽然当时还没有代表“家”的房子）。可是狩猎——专为求食，而不是取乐的运动——是每位身体健壮男性的终生事业。

青春期前的男孩已开始带着弓箭，潜蹑追踪鸟类及小动物。成人后，他们就变成获取或制造武器的专家、潜蹑追踪猎物的专家、捕杀猎物的专家、分割屠宰猎物的专家，以及把猎物扛回营地的专家。年轻男子第一次猎捕到大猎物后，会被族人视为成人。在他的成人礼上，族人会以刀子在他的胸部或臂膀上割划，然后涂上一种草药。等伤好后，就留下了永久不变的文身。这就和我们进行竞选活动时所披带的彩带一样——朝这人的胸部一看，我们就知道他的作战经验了。

从一大堆的蹄印中，我们可以准确地辨认出，有多少兽类走过，是哪一类野兽，它们的性别及年龄，是否有残障的，走了多久，它们现在离我们有多远。有些年轻的野兽可以近距离猎捕到，有的可以用弹弓打到，有的可以用回飞棒打到，有的可以用大石块击打其头部使其死亡。

---

① 20世纪时，美国饮食简单。当时美国盛产牛肉跟马铃薯，因此人们以这两种食物为主食。第二次世界大战后，美国人开始接受其他国家的食品，而且基于健康的原因，已经开始大量增加素食和鱼类。现在，只吃牛肉和马铃薯的人被看成头脑简单的人。此处“meat and potato”用来意指当时生活简单。

对于一些尚未对人类产生恐惧的动物，我们可以走近它们，趁其不备用大棒打死它们。对付远距离或警觉性高的猎物时，我们掷长矛，或用毒箭猎杀。运气好的时候，我们可以埋伏突击一群猎物，或者把它们赶到悬崖边，让其落崖摔死。

在这样的狩猎活动中，团队精神极为重要。如果要避免猎物心生警觉，我们就必须靠手语来相互沟通。基于同样的原因，我们也要控制自己的感情流露，恐惧和狂喜都是很危险的。我们对猎物也存在某种矛盾的、好恶交错的感情。我们尊敬动物，知道我们和这些动物存在亲密关系，也认同它们有感受。可是，如果我们对它们的智力或它们对其后代展现出来的母爱有太多的共情，如果我们对猎物有怜悯心，如果我们把它们看成我们的亲人，我们追逐狩猎的热情就会减少，我们带回家的食物自然就少了，整个团队的生计就会受到影响。因此，我们不得不与这些动物在情感上保持一定距离。

狩猎基因源远流长

因此，想想这样的情境：数百万年来，我们的男性祖先们，急急忙忙地跑来跑去，向飞鸽丢石块，追逐未成长的小羚羊，用摔跤的方式把它们扭倒在地，排成一字长阵大声喊叫，疾跑的狩猎者在上风处大声喊叫想惊吓一群疣猪。想象一下，他们的生计就依靠他们的狩猎技术及团队精神了。他们文化中很大一部分和狩猎的行为交织在一起。优秀的狩猎者也是优秀的战士。然后，经过一段很长的时间——就算数千世纪吧——一种很自然的狩猎及团队精神的习性就会出现在新生男婴身上。为什么？因为不精于狩猎，或不热心狩猎的人留下的后代数会大量减少。我并不是说，如何把石块打造成矛尖，或如何把箭翎装在箭上的手艺是深植在我们基因中的。这些都是后天学来的，或者是后天发明的手艺。可是，我敢打赌，对狩猎的狂热是深深烙印于我们身体中的。物竞天择的进化过程把我们的祖先塑造成极为出色的狩猎者。

最明显的证据就是，这种狩猎及采集可食植物的生活方式的成功程度：这种生活方式延伸到六大洲中，延续了数百万年之久（还不提非人类的灵长类——猿、猴、猩猩等——的好战癖了）。这些数字意味深长。1万个世纪后——在这1万世纪中，我们不被饿死的唯一方法就是狩猎——这种倾向及癖性一定还残留在我们体内。我们仍然被这种本能驱使——即使看他人代做也可以得到满足。团队运动就是一种发泄这种本能的方法。

部分人类渴望加入一个由男性组成的小团体，从事极为危险的探险。从目前流行的电脑游戏中就可以看出这种癖性。这类游戏最受前青春期或正值青春期的男孩们的欢迎。传统认为男性应有的优点——沉默寡言、足智多谋、谦虚谨慎、熟知动物习性，也有团队精神，爱好户外活动——都是狩猎者及食物采集者为了适应环境而必须具备的行为。我们仍旧赞美这类性格，虽然我们已经忘却了当初赞美的理由。

除了团队运动外，发泄这种本性的出口不多。在那些青春期男孩身上，我们还可以看到年轻的狩猎者或渴望成为战士的影子——他们冒生命之险，从一个公寓的屋顶跳到另一个公寓的屋顶、驾着双轮摩托车不戴安全帽急驰、在球赛后的庆祝会中惹是生非等。如果不施以铁腕管理这些行为，就会出大事（我们社会的谋杀率和原始渔猎社会中死于狩猎的比例差不了多少）。我们尝试杜绝这种残余的杀生习性在社会中出现。可是，我们并不是每次都成功。

一想到这种狩猎本能对我们的深远影响，我就有点担心。我担心的是，周一夜的球赛不足以作为穿着工作服、牛仔裤，或笔挺的三件式西装的各种各样现代狩猎者本能的发泄出口。我认为，那种古代祖传的不泄露自己感情的本能，和与被我们杀死的猎物保持情感上的距离，减少了这些游戏中的一些乐趣。

寻找暂时的慰藉

一般而言，狩猎者和食物采集者面临的危险并不大，因为从经济层面来说，他们的经济状况都很不错（这些人的余暇时间大多都比我们现在多）；由于他们是流动性的狩猎者，因此他们的家当也不多；他们也几乎没有偷窃的行为和妒忌心，因为他们不但把贪婪和自大傲慢看成社会的病态，也把这些行为看成精神的病态；真正的政治权力掌握在女性手中，因此，在男孩们开始用毒箭解决问题前，女性通常可以起到缓冲及使事态稳定的作用；如果有人犯下重大罪行——如谋杀——同团的组员会发起集体审判并以刑法处罚犯罪者；许多狩猎和采集食物的团队采取绝对平等的民主政治，他们之中没有酋长，没有可以晋升的多层级组织结构，也没有要革命的对象。

因此，如果我们搁浅在时间的沙滩上，不能经历数百世纪的进化至我们想要的程度——我们发现自己处于一个左右为难的局面（尽管不是我们造成的），环境污染、社会多层阶级组织、经济上的不平等、核问题，以及越来越糟的局面，我们还残余着更新世（Pleistocene）[①] 的情感，但已脱离了更新世的社会组织——也许我们可以从观看周一夜的球

① 更新世是最近的地质年代，距今约260万年前至1万年。这一时期绝大多数动、植物属种与现代物种相似。人类也在这一时期出现。

赛中，获得少许慰藉。

团队和图腾

与城市有关的球队名字：如埼玉西武狮（Seibu Lion）、底特律老虎（Detrtoit Tiger）、芝加哥熊（Chicago Bear）。狮、虎、熊……鹰、海鸢……火焰、太阳等，如果按地区特性来看这些名字，所有全世界的狩猎和采集食物民族都有类似的名字——有时这些名字被称为图腾。

考古人类学家理查德·李（Richard Lee）记录并列出一份非洲在和欧洲人交流前的典型图腾列表。他花了许多年在非洲的博兹瓦纳（Botswana）沙漠中，研究库族（!Kung）“丛林人”（Bushman）的图腾（见下表最右方）。我想，“短脚”（short feet）这名字和美国“红袜”球队（Red Sox）及“白袜”球队（White Sox）的命名有某种联系，也同“战争者”（Fighter）、“袭击者”（Raider）、“野猫”（Wildcat）、“孟加拉（虎）”（Bengal）、“截剪器”（Cutter）、“快船”（Clipper）有关。当然，因为科技发展水平不同、观点不同、知识水平不同、幽默感不同，命名自然会有不同。无法想象，美国球队会以“腹泻”（Diarrhea）来命名球队（请给我一个“腹泻”的例子），也不会用对运动毫不尊敬的人起名，如“说大话”（Big Talkers）来替球队起名。如果一队的名为“球队主人”，我想这支球队的队员来到球队的管理部门时，自称“球队主人”，会使球队的经理们感到十分不安。

下表列出有图腾意味的队名，从上到下，顺序依次是：鸟、鱼、哺乳类动物及其他动物；植物及矿物、技术、人类、衣着；职业、神话、宗教、天文，地质和颜色。

北美国家篮球队	美国国家橄榄球队	日本主要棒球队	北美主要棒球队	库族图腾
老鹰	红雀	鹰	蓝鸟	蚁熊
Hawk	Cardinals	Hawk	Blue Jay	Ant Bear
猛龙	鹰	燕子	红雀	象
Raptor	Eagles	Swallows	Cardinals	Elephants
雄鹿	猎鹰	鲤鱼	金莺	长颈鹿
Bucks	Falcons	Carp	Orioles	Giraffes
公牛	乌鸦	野牛	魔鬼鱼	黑斑羚
Bulls	Ravens	Buffaloes	Devil Rays	Impala
灰熊	海鹰	狮	马林鱼	胡狼
Grizzlies	Seahawks	Lions	Marlins	Jackals
森林狼	海豚	虎	小熊	犀牛
Timberwolves	Dolphins	Tigers	Cubs	Rhinos
黄蜂	熊	鲸	虎	小羚羊
Hornets	Bears	Whales	Tigers	Steenboks
掘金	孟加拉(虎)	海湾之星	响尾蛇	野猫
Nuggets	Bengals	BayStars	Diamondbacks	Wildcats
快船	鸟嘴	勇士	博览会	蚁
Clipper	Bills	Braves	Expos	Ants
热火	野马	火腿斗士	勇士	虱
Heat	Bronco	Ham Fighters	Braves	Lice
活塞	小马	海洋	酿酒人	蝎子
Pistons	Colts	Marines	Brewers	Scorpions
火箭	美洲虎	龙	闪避者	龟
Rockets	Jaguars	Dragons	Dodgers	Tortoises
马刺	狮	巨人	印第安人	苦瓜
Spurs	Lions	Giants	Indians	Bitter Melons
超音速	黑豹	猎户座	双子	长根
Supersonics	Panthers	Orions	Twins	Long Roots
骑士	公羊	蓝浪	洋基(美国佬)	草药根
Cavaliers	Rams	Blue Waves	Yankees	Medicine Roots
凯尔特人	喷气机		红袜	载物轭(扁担)
Celtics	Jets		Red Sox	Carrying Yokes
国王	海盗		白袜	截剪器
Kings	Buccaneers		White Sox	Cutter

续表

北美国家篮球队	美国国家橄榄球队	日本主要棒球队	北美主要棒球队	库族图腾
纽约人	突袭者		运动员	说大话
Knickbockers	Chargers		Athletes	Big Talkers
独行侠	酋长		大都会	冷脸者
Mavericks	Chiefs		Mets	Cold Ones
湖人	牛仔		皇家	腹泻
Lakers	Cowboys		Royals	Diarrheas
网	49年淘金人		费城人	不磊落战士
Nets	49ers①		Phillies	Dirty Fighter
步行者	油人		海盗	战士
Pacers	Oilers		Pirates	Fighters
76人	包装工		水手	物主
76ers	Packers		Mariners	Owners
开拓者	爱国者		骑兵队	阴茎
Trail Blazers	Patriots		Rangers	Penises
勇士	袭击者		巨人	短脚
Warriors	Raiders		Giants	Short Feet
爵士	红人		天使	
Jazz	Redskins		Angels	
魔术	圣徒		教士	
Magic	Saints		Padres	
太阳	炼钢者		太空人	
Sun	Steelers		Astros	
奇才	维京人		落基山	
Wizards	Vikings		Rockies	
巨人	布朗		红人	
Giants	Browns		Reds	

① 49 ers的“49”指的是1849年在旧金山附近发现金矿，因此兴起了淘金热。

第四章
上帝的注视和滴水的水龙头

当你从东方的地平线冉冉上升时，你将你的美丽遍洒每一片土地。虽然你在遥远的地方，你的光仍然普照大地。

阿肯那顿（Akhnaton）

《赞美太阳诗》（*Hymn to the Sun*，约于公元前1370年）

在阿肯那顿王统治下的古埃及时代，人们信仰的是一种已不存在的神教，崇拜的是太阳。人们认为阳光是神的注视。在那时，人们认为眼睛会放出光让我们能看见东西。视觉就和我们现在的雷达一样，眼睛放出光，直接接触被看见的物体。太阳射出它的视线，照亮尼罗河谷，并使河谷变暖，没有它的时候，除了星光，几乎看不见任何东西。以当时的物理知识，及那些礼拜太阳的人对他们宗教信仰的虔诚，把光视为神的视线似乎是一种合理的看法。3300多年后的今天，有一个更深奥却显平淡无奇的描述，赋予光一个更恰当、更好的解释。

波长×频率=波速

你坐在浴缸中，水龙头开始滴水，假定每秒滴下1滴水，这滴水造成了1个小水波，以极美的弧形慢慢散开。当水波碰到浴缸时会反射回来，反射回的水波强度减弱。在反射一两次后，水波就看不见了。而在水龙头那一边，每滴1滴水就有一道新的水波出现。每当水波冲到你的橡皮鸭时，它就一上一下地浮动。显然，水波高峰处的水位较高，低谷处的水位较低。水波的“频率”就是在一定时间内，水波波峰经过你所设定的观测点的次数——在我们举的例子中，频率是每秒钟1次。因为每滴水可以产生1个水波，产生水波的频率和滴水的频率相同。水波的“波长”就是连续的2个波的波峰间的距离——在我们举的例子中，波长约10厘米。可是，如果每秒有1个波峰经过我们的观测点，而波长是10厘米，那么，波速度就是每秒10厘米。你如果仔细想一下就会明白，波的速度就是波长乘以频率。

湖面水波形状

浴缸的水波和大洋中的水波都是二维的，它们从一点以圆圈的形式向外扩散。而声波是三维，从声波的波源向所有的方向传播。在波峰处，空气被压缩了一些；在波谷处，空气变稀薄了一点。你的耳朵能区分这些波的不同。如果这些波峰来的次数很频繁（频率高），声波听上去就是高音的。

音调就是声波波峰撞击你耳朵的频繁程度。中央C代表的是每秒钟声波波峰撞击你的耳朵261次。我们称之为261赫兹[①]。中央C的波长是多少？如果声波可以用眼睛看得到的话，也就是说从一个波峰到下一个波峰间的距离是多少？在海平面，声音的传播速度大约是每秒340米（约每小时1100千米）。和浴缸中的水波一样，声波的波长也是波速除以波的频率。算下来，中央C的波长约为1.3米——大约是9岁小孩的身高。

声音不因人而异

有些人想出一些古怪的问题试图难倒科学的推理——其中一个问题是这样的："对天生失聪者来说，中央C是什么？"这个问题很容易回答。中央C的频率还是261赫兹，这是一个极精确、单一的属于中央C的声音，不属于任何其他声音。如果你不能直接听到这声音，你可以借助仪器——示波器（oscilloscope）把它显示出来。当然，这和亲耳听到声音的感受完全不同——这种"听"用的是视觉而非听觉——可是，有差别吗？所有关于音调的信息都清楚地显示在那儿。你可以通过电子方

① 比中央C音高1音阶的频率是526赫兹，高2音阶的是1052赫兹。

式感受到和弦（chord）、断音（staccato）、拨奏曲（pizzicato），及音色（timbre）。你可以认出中央C来。也许看到用电子方法显示的音调信息和亲耳听到的体验不同，可这也只是体验上的问题。即使暂时撇开像贝多芬这样的音乐天才，你就是全聋了还是可以体验音乐。

这也回答了另一个谜题：森林中有一棵树突然倒下了，如果没有人听到，那么树倒下时究竟有没有发出撞击声？当然，如果我们对声音的定义是，要有人听到才算发出声音，那么按此定义，这棵树就没有发出声音。可是，这种对声音的定义未免太高抬人类的重要性了，重要到宇宙万物唯人类是从。显然，如果一棵树倒了，一定会发出树倒了的声音。我们可以借助录音器将此声音收录在光盘中，并通过音响设备放出来，这样就可以听到这树倒地时发出的声音。因此，根本就没有什么不可解的谜题。

听力的范围

可是，人类的听觉不是很完美。我们听不到有些低频率（每秒少于20个波）的声音，但鲸鱼可以用这么低频率的声音来互相通信（或谈话）。大部分的成人也听不到有些高频率的声音（每秒超过2万个波），可是，狗就可以听到（可以用一个高频率的哨子来叫狗，人还不会觉得吵）。有许多声音的音域超过人耳听觉的接收范围——例如，每秒超过100万个波的声音。我们的感官，虽然已经进化得极端敏锐易感，可还是有其物理上的基本限制。

我们用声音来互相交流。我们灵长类的亲戚们也是这样做的。我们是群居动物，而且对彼此的依赖性很强，所以必须相互沟通。因此，在过去的数百万年间，当我们的大脑以空前的速度在进化时，掌管我们语言能力的大脑皮层（cerebral cortex）也随之大幅进化，我们使用的词汇量也大为增加，我们能发的音也越来越多了。

当我们还是在狩猎采集时，我们制订每日计划、教育下一代、交友、警告他人有危险，以及在晚饭后，坐在火边看星星，聊天讲故事，这些活动都需要语言。最终，我们发明了音标的书写方法，可以把我们的发音写在纸上。我们只要瞄一眼纸上的符号，就可以在脑中听到别人说的话——这项发明在最近数千年中广为流传，使我们几乎忘了这是一项多么奇妙而伟大的发明！

语言无法立即传播到对方耳中。当我们发音时，我们发出的行波（travelling wave）在空气中以声速传播。从实际感觉来看，声音的传播几乎是瞬时完成的，不花任何时间。可是，你的喊声只能传播到一定的距离。很少有人可以用喊声同另一个在100米外的人讲话。

近代以前，世界上的人口很稀少。我们很少有必要同100米外的人讲话。除了我们的家庭成员，几乎没有其他人会走近和我们交谈。在当时人口稀少的情况下，若有人走近要和我们说话，我们的态度通常是带有敌意的。民族优越感（这种想法使我们认为自己小社团里的任何成员都比别人要强）及生人恐惧感（一种对外人“先开枪再问是谁”[①]的恐惧）已深植于我们心中。这不是人类特有的习性，所有的猿猴及人猿都有类似的行为，许多其他哺乳类动物也有类似的行为。引发这种行为的部分原因是话语可以传播的距离太短了。

① 19世纪，美国西部在开拓时，混乱不堪，盗贼横行。在盗贼横行的地方，看见可疑的人，就先掏出枪来，觉得情形不对，就先向对方开枪，因此就流行这句话“Shoot first, ask questions later”。

隔离创造不同的文化

如果我们与其他的人隔离了太久，我们就会逐渐朝不同的方向发展。例如，其他地区的战士不穿戴我们这里流行的鹰羽毛饰品，而穿戴豹皮。他们的语言也逐渐迥异于我们的。他们礼拜的神祇名字和崇拜的仪式也和我们的不同，奉献方式也不一样。隔离能产生不同的文化。人口稀少（指早期人类发展时期）加上限制性很强的交流方式促使文化隔离的产生。人科（包括许多已绝种的人类系）——在数百万年前，起源于一个非洲东部的小地区——逐渐流浪、分开、演变成不同的文化，最后，大家都变成了陌生人。

扭转这种趋势——各种族之间重新建立熟识的关系，使失联的人类种族重行团聚，把各种族凝聚起来——是最近才开始发生的，而发生的原因就在于科技的发展。把马变成家畜，就可以让我们去旅行，或把信息传播到数百千米外的远方。帆船技术的进步，使我们可以到达地球上最遥远的角落——虽然只能慢慢地驶过去。18世纪，从欧洲到中国的航行时间长达两年。虽然在那时，双方已经能互派大使，交易经济价值高的物品，但对18世纪的中国人来说，欧洲人的奇异程度，就和来自月球的人一样，反之亦然。要把世界真正地凝聚在一起，消除世界地方主义化，就要有比马匹或帆船更快的运输技术，同时，运输的价格也要够便宜，使每个人能可以用得起。这类科技始于海底电缆传送电报以及电话通信的发明。无线电、电视、人造卫星通信的发明，使得通信科技流传极广。

光速通信

如今我们可以——频繁地、随意地——以光速通信。从倚赖马匹或船只来传达，到以光速传播，信息传送的速度几乎增加了10亿倍。基于一个很基本的原理——已在爱因斯坦的狭义相对论中以公式表达得很清楚了——我们知道我们不可能以超过光速的速度通信。仅用了1个世纪，我们就到达了速度的极限。这项科技威力之强大、影响之深远，是我们目前无法超越的。

我们在打越洋电话时，已经可以感受到，从我们说完话到对方开始反应之间有一段空当。在这段空当时间中，我们的声音以空气为媒介传到话筒，变成电信号后通过电线传送到发送站，发送站再用大型碟形天线把无线电波变成无线电波柱传到同步卫星上去。同步卫星再以它的小型碟形天线把无线电波变成无线电波柱射到接收站，再变成电信号，经由电线传到另一方的听筒（也许这信息是从半个世界外的远方传来的）。电信号经放大后，使听筒中的一片薄膜发生振动，从而把电信号转换成声音，然后再以空气为媒介，通过极短的距离传到耳中，并由耳朵变成电化学信息传到大脑，由大脑解释这信息的意义。

无线电波从天线送到同步卫星的来回时间是1/4秒左右。传送站离接收站越远，这段时间也就越长。在与登陆月球的阿波罗宇宙飞船通信时，这段空当时间就很长。这是因为光（电波）从地球到月球的来往时间是2.6秒。从火星轨道的人造卫星发出的信息，最快要经过20分钟才能到达地球。1989年8月，我们接收到旅行者2号宇宙飞船从海王星（Neptune）传来的图片，上面显示了海王星及其卫星呈弧状半环的影像。这些图片以数字方式储存，以光速传送，要5小时才能到达地球。这是人类有史以来的最远距离通信之一。

光波、光子、无介质传播

从许多方面来看，光是一种波。例如，想象光在一间暗室中经过两条平行窄缝的景象。光通过这两条窄缝后，投射在荧幕上的影像是什么样的？答案是：条纹。更正确的答案是：一系列的条纹影像，叫作“干涉图像”（interference pattern）。光的传播和子弹不同，子弹经过窄缝后还作直线飞行，而光经过窄缝后，以波的方式从这两个窄缝散播出来，向各角度发散。光的波峰射到的地方，就是亮条纹的地方，叫作“相长干涉”（constructive interference）；波谷射到的地方，就是暗条纹的地方，叫作“相消干涉”（destructive interference），这种干涉现象就是光的特性。同时穿过码头的木柱排的两个空隙的水波，相遇时也会产生这种干涉现象。

但光也能像子弹一样传播，我们称之为光子（photons）。常见的光电池（如摄影机或光电式计算机中的电池）就是利用这一特性。光子每次撞击对光敏感的薄面就会释放出1个电子；许多光子撞击就会放出许多电子，形成电流。光怎么能既是波又是光子（粒子）呢？也许我们不应当把光比作我们日常见到的现象，如波或粒子等，而应把它视为我们日常生活中从未见过的一种新东西，既不是波也不是粒子：在某种场合下，它体现了波的性质，而在另一种场合下，它也可以体现粒子的特性。这种波及粒子的双重特性可以促使人类学会谦卑：自然界不是经常按我们人类的习性、癖好或偏爱来行事的。我们自认为很合适的想法不见得就是大自然的做法。

在许多方面，光和声波很类似。光波也是三维的，可以上下左右传播；光也有频率、波长、速度（光速）。然而奇怪的是，光传播时不需要媒介（如声音需要空气来传播）。太阳射出的光，以及远处星球发出的光，可以穿过真空传播到地球上。在太空中，航天员如果不用无线电通信，就无法听到其他航天员的声音。可是，他可以清晰地看到其他航天员。如果他们靠得很近，近到两位航天员的头盔都碰到了一起，他们就可以听到对方说的话。[①] 如果把房间中的空气都抽掉，你就听不到他们叫苦的声音，虽然你还是可以看得到他们喘气和敲打门窗的动作。

一种颜色对应一个频率

一般的可见光，就是我们平常看得到的颜色，频率非常高，每秒约有600万亿的光波射入你的眼中。因为光速是每秒行进300亿（3×10^{10}）厘米（或每秒30万千米），波长是波速除以频率，因此，可见光的波长约为0.000 05厘米（$3\times10^{10}/6\times10^{14}=0.5\times10^{-4}$），即使我们有办法像看到水波一样看到光波，光波也小到我们分辨不出来。

不同频率的声音，在人耳听来呈现不同的音调。不同频率的光，在人眼看来，就是不同的色彩。红光的频率约为460万亿赫兹（每秒4.6×10^{12}个波），紫光的频率为710万亿赫兹（每秒7.1×10^{12}个波）。频率在红光紫光之间的光波就是我们熟知的彩虹颜色。每一种颜色对应一个频率。

问音调对天生失聪者的意义，犹如问颜色对天生失明者的意义。同样，这个问题唯一明确的答案就是波的频率——此频率可以用光学方

① 听得到的原因是，一名航天员发出的声音，使头盔的外壳发生了振动，如果两名航天员的头盔接触到了一起，第一名航天员头盔的振动就会传到第二名航天员的头盔中，从而变成声音。

法准确测量出来，如果我们愿意的话，就可以用不同音调的乐音表示出来。一位失明者，如果加以训练，本身又有相应的物理知识，就可以分辨苹果的玫瑰红和血液的红色。只要有一份收集了许多光谱的档案，这位失明者对色彩的分辨本领也许要远高于一位未经训练的正常人。当然，对一位视力正常者来说，看见460万亿赫兹的红光波时，心中可能会升起一股特殊的感觉。与失明者相比，除了这种对460万亿赫兹光波的特殊感觉，其余就没有什么不同了。虽然有美的感受，但是再没有其他神奇的东西了。

和我们听不到很高或很低的音调一样，有些光波的频率或色彩超出我们的视觉范围。这些看不见的光的频率可以很高（伽马射线的频率在10^{18}赫兹左右），也有更低的（如在1赫兹以下——每秒波峰的数目少于 1 的长电磁波）。从高频率到低频率，各种光波的名称依序是：伽马射线、X 射线、紫外线、可见光、红外线、无线电波。这些都是可以穿过真空的波，每一种都是正正规规的和可见光一样的光。

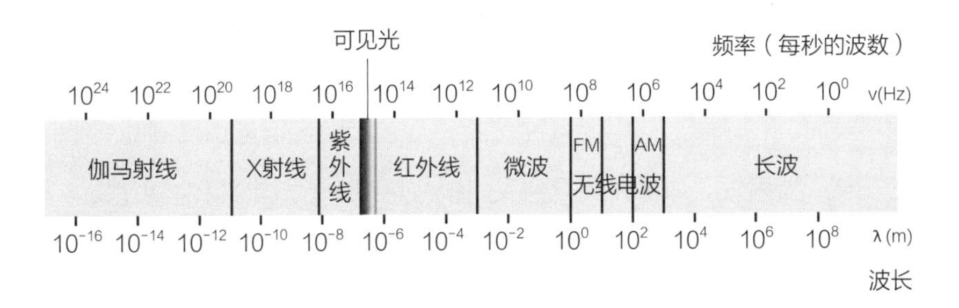

上述的每一种光都有一种与之对应的天文研究。天空回应每一种光的形态都不同。观测可见星星时往往看不到伽马射线波段的天体。而用伽马射线观测台虽能探测到至今还是谜一样的伽马射线暴，但并不能看到可见光的天体。如果我们只看可见光部分的宇宙——在大部分的人类历史中，我们就是这样做的——我们就不可能知道天上有伽马射线源这

回事。对于X光、紫外线、红外线，以及无线电波也是一样的（以及更为奇特的中微子及宇宙射线源，甚至是引力波源）。

人眼只看到可见光

我们对可见光有偏爱。我们是可见光的盲目崇拜者。这是因为我们的眼睛只能看到可见光。但是如果我们能放射并接收无线电波的话，古代祖先之间的通信距离就可能更长；如果能放射并接收X光的话，我们的祖先也许就能看到植物、人类或其他动物的内部结构。既然如此，为什么我们在进化的过程中，没能看见这些非可见光?

任何物体都会吸收某一频率的光，并让其他频率的光通过，所以每一种物质都各有其所好。光和化学间似乎有一种共鸣。有些频率，例如伽马射线，所有的物质都能不分青红皂白地吞下这类光。如果你有一个放射伽马射线的手电筒，它放出的光经过空气就会被空气吸收。从遥远太空来的伽马射线，一进入地球，就被高空的大气吸收了，不能射到地球表面。在地面上，用伽马射线去看天空，天空奇暗无比，唯一例外是在核武器附近。如果你要看到我们银河星系中心放出的伽马射线，一定要把仪器放到太空中去。同样，要看到X光、紫外线及大部分的红外线，也要到太空中去。大部分物体对可见光的吸收都不太强。例如，空气对可见光就很慷慨，吸收极少。这就是我们的眼睛看到的是可见光的原因，只有可见光可以穿过大气射到我们所在的地方。如果你真能看到伽马射线，在被吸收伽马射线的大气包围时你的眼睛毫无用武之地，只能看到一团漆黑。天择自有其道理。

另一个我们能看到可见光的原因是，太阳所放出的大部分能量就在可见光范围内。一般而言，一颗表面非常炽热的恒星放出的光大都在紫外线范围；一颗表面寒冷的恒星放出的光大都在红外线范围。从某种角度来看，太阳只是一颗普通的恒星，放出的光大都在可见光范围。而人眼对光最敏感的频率就是黄光，这也是太阳光最明亮的频率。

是不是有这样一种可能：居住在其他行星上的外星人，他们看见的光的频率和我们看见的大不相同，有不一样的频率范围呢？我认为这不太可能。宇宙中遍布的气体在可见光的频率范围内都是透明的，而在其他的频率范围内几乎都是不透明的。除了一些表面温度极低的寒冷恒星以外，大多数恒星放出的光在可见光范围也最强。看起来好像是一种巧合，恒星发出的光的频率正好在大多数气体透明的波段。这种巧合并非只发生在太阳系中，也发生在宇宙各处。这种巧合来自辐射基本原理、量子物理，以及核物理的原理。也许偶尔会有例外，可是我想说如果有其他世界的外星人的话，他们的视力频率范围和我们的不会相差太远。①

黑白分明的谬误

植物吸收红光及蓝光，把绿光反射出来，因此，对我们来说，植物呈现绿色。我们可以画一个图，显示物质对不同颜色的光的反射强度。

① 我还是担心这一观点会成为一些崇拜可见光的人会提出的论调：像我们这类视力范围在可见光的人，自然会把这推论推广到全宇宙（任何外星人）都只能看到可见光。在我们的历史中流行着各形各式的偏狭行为（例如偏狭的国家主义、民族主义、男性沙文主义、种族至上主义、某宗教至上主义等），因此，我对我自己的这种观点也时有怀疑，是否有偏狭的成分在内。可是，再三检讨之后，我的结论是，我的观点出自物理的原理，而非人类的自大。

吸收蓝光反射红光的物体呈红色，吸收红色反射蓝光的呈蓝色。如果一件物体对所有颜色的光的反射率都一样高，看上去它就是白色的，对灰色或黑色的物体来说，它们也对所有颜色的光有相同的反射率。白与黑的区别不在于颜色不同，而在于反射的多少。这些用词都是相对的，而非绝对的。

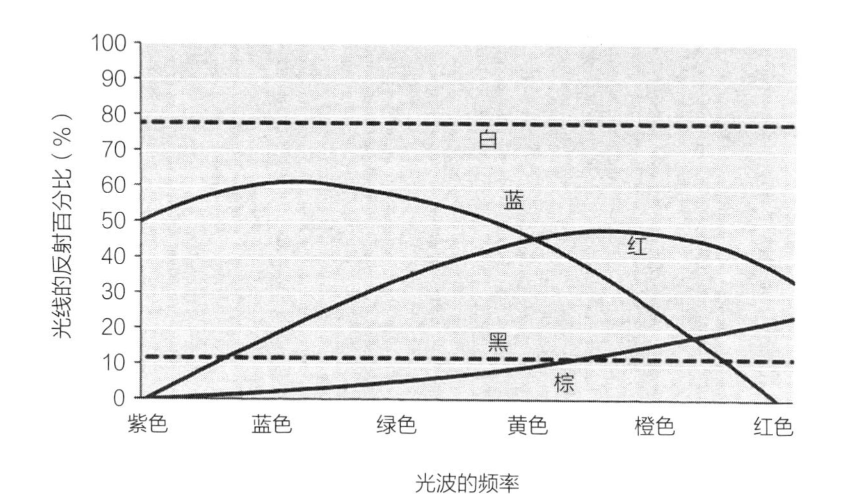

光线的反射百分比变化曲线

也许自然界中最明亮的物体是新下的雪。可是，它只反射75%的阳光。我们最常接触到的最黑的物体——例如，黑天鹅绒——只反射百分之几的光。“黑白分明”这句话，是一种概念上错误的比喻：黑与白本质上是完全一样的，它们之间的区别在于反射了多少光，而非颜色上的不同。

人类中，多数“白”人的白并不像新雪的白（甚至也不像冰箱外面涂的白色），而大多数的“黑”人也不像黑天鹅绒一样的黑。这些名词是相对的、含糊的、混淆不清的。光照到皮肤上的反射比例（反射度，reflectivity）因人而异。皮肤的颜色与一种叫作黑色素（melanin）

的有机化合物有关，这是人类身体的自然产物，来自人体的酪氨酸（tyrosine，是蛋白质中常见的氨基酸的一种）。白化症（albino）是一种遗传疾病，由于身体无法制造黑色素，因此患者的皮肤和头发都是乳白色的，眼睛瞳孔呈粉红色。在自然界，白化症动物极为稀少，因为白色的皮肤对太阳几乎没有抵抗力，白化症动物的存活率不高。

在美国，几乎所有的人都呈棕色。我们的皮肤对光谱上红光一端的反射要比蓝光一端的反射强些。因此，我们称皮肤中含有较多黑色素的人为“有色人种”，这就和把皮肤中含有较少黑色素的人叫作“漂白人种”一样毫无道理。

只有在可见光和邻近的频率中，才有肤色反射率不同的区别。在紫外线及红外线的频率范围内，北欧人和非洲人一样都呈黑色。只有在可见光的范围内，一般物体呈透明状，才有不正常的白肤色。在大部分的其他频率范围内，所有人都呈黑色。

花颜色的魔法师：花青素

阳光是由彩虹中不同颜色的光构成的。论分量，黄光要比红光或蓝光多，因此，太阳略呈黄色。各色的光都照在物体上，例如红玫瑰花瓣上。为什么玫瑰花瓣呈红色？这是因为除了红光外，其他的光都被花瓣吸收了。所有颜色的光都照到玫瑰花瓣上，这些光在玫瑰花瓣中匆忙地反射来，反射去，最后再反射出来。就如在浴缸中的水波一样，每一次反射它的波幅就减少一些。蓝光同黄光在历次反射中被吸收的分量比红光要多。经过许多次的内部反射后，反射出的红光就比其他的光要多。因此，我们才能看到一朵美丽的玫瑰花。在蓝色或紫色的花瓣中，也发生过类似的现象，不同的是红色和黄色的光在多次的反射中，被吸收的分量超出蓝色或紫色。

在玫瑰花或紫罗兰的花瓣中，吸收颜色的是一种有机物。由于这些颜色十分引人注目，因此这些花的名字都带有这些色彩的名称。这种有机物叫作花青素（anthocyanin）。

令人惊奇的是，在酸性液体中花青素的颜色是红的，在碱性液体中为蓝色，在中性液体（水）中，则呈紫色。因此，红玫瑰是红的，因为它的花瓣含有花青素并呈现酸性；紫罗兰是紫蓝的，因为它的花瓣含有花青素并呈现碱性。（我想用这几句话凑成一首打油诗，可是没成功[①]）

在自然界中蓝色素很稀有。地球上极少出现蓝色的岩石或沙粒就是个很好的证据。蓝色素一定是很复杂的化合物：花青素由20来个比氢重的元素组成，并按特定的方式排列。

生物有一套应用色彩的独到方法——吸收阳光，经过光合作用，用空气和水制造食物；提醒母鸟雏鸟的咽喉部位在哪；吸引异性；吸引传播花粉的昆虫；用来保护及伪装；人类则通过色彩，感受喜悦及美。可是，出现这些奇迹的可能原因，却来自恒星的物理性质、空气的化学性质，及极为高雅的自然进化出的结构。这种结构让我们和环境和谐共存。

当我们研究其他的行星时，当我们研究它们的大气或表面的化学成分时——当我们费尽心机想去了解，为什么土星的卫星泰坦（Titan）的大气中的昙气是棕色的，或为什么到处都有皱皮式的地形，及海王星卫星的颜色是粉红色之际——我们依赖的是那些和浴缸中的水波差不

① 作者指的是一首在西方很流行的爱情诗的第一行：Roses are red and violets are blue ...

多的光波的特性。因为我们看到的所有色彩——在地球上，或其他行星上——都和太阳光包含的各波长的光的反射有关。认为太阳光在爱抚我们或把太阳光看成神的注视，比起这种诗情画意的描述，应当有一个更深刻的认知。如果你把光看成和浴缸水龙头滴下的水波类似的现象，你就会对它有更深一层的了解。

第五章

4个宇宙级问题

当高远的天还没有名字的时候，也没有人给坚硬的土地一个称谓……当没有人为茅屋顶铺上茅草，也没有沼泽，任何神祇都还没有诞生，没有名，也没有目的——就在这时候，神祇们出现了……

《一开始》（*Enuma Elish*）

巴比伦的创世神话（公元前2000余年）[①]

每种文化都有其创世神话——这是一种尝试，人们想要知道宇宙和宇宙中的一切来自何处。毫无例外，这些神话几乎都是说故事的人胡诌出来的。但是在我们的时代，我们讲述的创世神话是有科学根据的。神

① 这是巴比伦创世神话的开场白，就如《圣经·创世纪》的开场白“一开始……”类似，也和希腊单词“诞生”（genesis）同义。“创世纪”在英文中就是“Genesis”。巴比伦（Babylon）位于幼发拉底河（Euphrates）流域。此河源于亚洲西南部，经伊拉克（Iraq）流入波斯湾。

话的内容大致如下：我们住在一个不断膨胀的宇宙中，其广袤和古老远超一般人的理解能力。

浩瀚宇宙

宇宙中的星系正急速互相远离，这些星系都是一次巨大无比的爆炸——“大爆炸”（Big Bang）——的遗迹。有些科学家相信，我们的宇宙只是很多个或者无数个宇宙中的一个。有些宇宙可能膨胀后再收缩崩塌，在一瞬间从生到死。有些宇宙则会无限膨胀。有些宇宙的物理条件刚好可以使其在膨胀收缩崩塌后，再次开始膨胀收缩崩塌，如此循环往复许多次，甚至无穷次。我们的宇宙从大爆炸中诞生（或这一次的循环开始）至今，约经过了150亿年。

在别的宇宙中可能有不同于我们世界的自然界物理法则和物质形态。许多宇宙可能不存在生命，也没有太阳和行星，甚至没有比氢或氦更复杂的元素。其他宇宙也许比我们的宇宙更深奥、更多样、更丰富。如果这些宇宙真的存在，我们也许永远都无法探索它们的奥妙，更别说要去拜访它们了。毕竟，现在的我们单是要了解自己的宇宙，就已经忙不过来了。

我们的宇宙中有数千亿的星系，银河星系就是其中之一。我们喜欢称之为“我们的星系”，虽然我们根本没有银河的所有权。银河系内有许多的气体和宇宙尘，以及4000亿颗左右的恒星。处于银河系中的一条旋涡臂上的一颗恒星，就是我们的太阳，也是离我们最近的恒星——据我们所知，太阳只是一颗平淡无奇的普通恒星。太阳绕银河系中心运行的周期为2.5亿年，伴随着太阳一起旋转的是一些小世界。这些小世界有的是行星，有的是卫星，还有小行星和彗星。我们就住在从太阳往外数的第3个小小的行星上，我们称之为地球，而人类只是此星球上进化成长的5000亿个生物物种之一。我们已经送出宇宙飞船勘探过太阳系中的其他70个小世界了。我们曾进入4个小世界的大气，登上其地表。这4个小世界分别是：月球、金星、火星及木星。我们完成了神话似的壮举。

大自然深不可测

预言是一项已经失传的技艺。诚如现代作家查尔斯·麦凯（Charles McKay）所述，我们“极为热切地渴望穿透遮盖未来的黑暗”，但我们常常做得不是很好。科学界中最重要的发现往往是最出乎意料的——不是来自我们已知的推论，而是另一种截然不同的发现。这是因为大自然具有比人类更强的创造力，并且更敏锐、更优雅。因此若有人试图去推测未来数十年中天文学上会有些什么重大发现，勾勒未来宇宙创世论的大概轮廓，似乎是一件极为愚蠢的事。而且从另外一方面来看，现今高科技仪器的飞速发展也暗示着未来可能出现令人震惊的新发现。

让任何一位天文学家选出4个最令人感兴趣的问题，答案代表的都是其个人的兴趣，我也知道有许多人的选择与我的大不相同。比如他们会选择，宇宙中其他90%的组成物是什么（我们至今未知）；找出最近的黑洞；为什么除了离我们中等距离的星系，较远的星系之间的距离似乎是量子化的——即在某一距离以外，我们看到的星系间的直线距离都是某一距离的倍数，而不存在倍数间的数值；伽马射线暴源的本质，在这种爆炸中似乎整个太阳系都将戏剧性地化为乌有；宇宙的年龄比最古老恒星的年龄更短之谜（最近哈勃望远镜的发现也许破解了这一谜题，最近发现宇宙的年龄似乎是150亿年）；在实验室中分析彗星的样品；寻找星际中的氨基酸；最古老星系的特性等。[①]

4个宇宙级问题

除非全球大幅削减天文及太空探险预算——虽然颇令人沮丧，但并非不可能——否则下面就是我认为的，4个很可能有惊人发现的问题：

1. 火星上是否曾有过生命

今日的火星表面是滴水不见的干燥沙漠。但在整个火星地表，可

① 以上这些问题都是太空探测的中心问题。我们能看到的宇宙组成物质大部分是氢和氦。可是，我们用简单的引力理论分析可得出，星系中似乎有些看不见的物质，叫作暗物质（dark matter）。虽然看不到，但是我们可以观测到这些暗物质对星系产生的引力作用。黑洞（black hole）是高密度、高质量的星体，高到用公式计算出其逃逸速度（escape velocity），即能逃出其引力作用的速度，是光速。因此在理论上，连光都逃不出这种星体的束缚，故而称其为黑洞。黑洞大约形成于超新星爆炸中。我们确定宇宙年龄的方法有两个：一个是利用远处星系远离我们的速度及距离进行计算，当星系远离我们的速度达到光速时，相应的距离就是宇宙大小的极限，相应的时间就是宇宙的年龄；另一个方法是利用星球演化的理论，星球的星光是氢聚变热核反应放出的能量辐射。星球耗尽氢的时间就是星球的寿命。当下科学家发现，最古老的星球年龄似乎比宇宙年龄要大。这当然是不可能的，因此这是一个谜。最近哈勃望远镜收集到的数据似乎指出，以往用星系离我们奔驰而去的速度估算出的宇宙年龄似乎太小了。哈勃望远镜（Hubble Telescope）是位于地球轨道上的天文望远镜，直径比2米稍大，搭载最新、最灵敏的光学仪器，是当下天文领域最有威力的望远镜，于1990年发射到绕地轨道。彗星是很小的行星体，质量为地球质量的万分之一或以下。其表面有冷凝成固态的氮、甲烷或其他气体和水。如果它们到了木星附近或更接近太阳的地方，它们表面的固态氮或甲烷及冰就会被气化，跟在行星体后面，也有些在行星体前面，这些气体被太阳光一照，就像是长尾巴，这就是彗星。当下的理论是，彗星是太阳系中原始物质聚集形成的行星体，因此，如果可以从彗星上取得样品带回地球并分析，就可以发现太阳系起源的秘密。如果在星际空间发现蛋白质的最基本化学成分——氨基酸——就可以断言宇宙之间，生物的出现几乎是必然的。如果知道最古老星系的构造，就可以知道早期宇宙的特性。

以明显看到古老的河谷遗迹，还有以前存在过湖泊甚至大洋的迹象。根据地表上陨石坑的数量，我们可以粗略估计什么时候火星温度高于现在（该方法估算出的结果已和用更精确的测量法的结果比对过，更精确的测量法利用的是月球表面的陨石坑及放射性物质的半衰期方法，详见第二章）：大约是40亿年前。40亿年前，正是地球上开始出现生命的时候。在两个环境很类似的邻近行星上，是否只有一个出现了生命，另一个则不然？或者，早期的火星也曾出现过生命，而当它的气候起了变化后，所有的生命都被毁灭了？或者生命还有沙漠中的甘泉，或者其他可以避难之处？或者有些生物躲藏在地下，一直苟延残喘至今？因此，火星对我们来说，有两个基本的谜尚未解开——以前是否有过，或现在是否还有生命；以及一个类似地球的行星为何会沦落成现在这样永冻的寒冷世界？后面这个问题也许对我们有启发意义，因为我们这个物种，不仅对我们的环境认知有限，还在恣意糟蹋我们的环境。1976年，“海盗号”火星探测器登陆火星，它们分析了火星的大气，发现其中有许多气体在地球大气中也有，例如二氧化碳，不过有些地球大气中有的气体，火星上并没有，如臭氧。“海盗号”也检测了火星大气中的分子和同位素的丰富程度。许多数据显示，它们和地球上相应的分子同位素的丰富程度不同。在某种程度上，我们发现了火星大气独特的组成。

曾发生过一件奇事——在冰天雪地的南极洲冰地上发现了些陨石。有些陨石在“海盗号”火星探测器登陆火星前就被发现了，有些则在登陆之后才被发现。可是所有这些陨石都在“海盗号”火星探测器登陆之前的数千万年前，就坠落到地球上了。在那洁白明净的南极洲冰地上很容易找到陨石。大部分的陨石都被送到在进行阿波罗登月计划时所设立的“月球样品接收实验室”中去分析。

但当时美国国家航空航天局的经费奇缺，连做一个初步分析的经费都没有，时隔多年才开始对这些陨石进行分析。经研究分析发现，有不少陨石来自月球——巨大的陨石撞击月球表面，把月球的石块打飞到太空，有些石块辗转落在南极洲；有一两块来自金星；令人惊讶的是，结合火星大气独特的组成分析发现，有些陨石来自火星。

1995—1996年，美国国家航空航天局约翰逊航天中心（Johnson Space Flight Center）的科学家们，终于有时间来分析这些来自火星的陨石，其中一块陨石的编号是ALH84001。它看上去其貌不扬，像褐色的马铃薯。当科学家们用精微的化学方法分析时，他们发现了某些有机化合物，主要的一种是多环芳烃化合物（polycyclic aromatic hydrocarbons，PAHs）。从分子结构上看，这种化合物像是浴室里的六角形地砖，每一个顶点上都有一个碳原子。普通的陨石上也有PAHs，星际间的尘粒上也有。我们怀疑在木星及土星的卫星泰坦上也有。有这种化合物并不表示就有生物存在，可是，在这颗陨石上，越到内部，其PAHs含量就越高。这种分布方式表明，这些陨石上的PAHs化合物不是来自地球的（或来自汽车的废气），而是来自这颗陨石本身的星球。当然，在未沾染地球物质的陨石上发现PAHs，并不表示其他星球上就存在生物。可是，最令人激动的是，在这颗陨石上发现了所谓的微化石，即一个挨着一个的球状物，就像地球上常见的细菌群一样。那么我们能不能断定，地球或火星绝对没有类似形态的矿物质？多年来，我一直坚持宣称看见“不明飞行物”（UFO）要有明确的证据。同样，宣称火星上有生物的证据也不够明确。[①]

---

① 有人宣称在火星上发现微生物化石的这件事，其他科学家们经研究，发现这陨石沾染了很多地球上的物质，因此推翻了火星上发现微生物这件事。这是在本书作者萨根去世后发现的。

这也只是开端而已。这颗特别的火星陨石暗示我们尚有其他未研究的部分。它指引我们去研究来自火星的其他陨石。它建议我们去南极洲冰地上寻找其他全然不同的陨石。它提示我们，不但要去火星上发掘深埋在地底的岩石，还要去找那些浅层的岩石。它催促我们重新思索“海盗号”所得到的如谜般的，像是生物遗迹的实验结果，有些科学家们认为，那些实验的的确确证明了火星上有生物。它建议我们发射宇宙飞船，去火星上最后干涸的水池或湖泊探索。它开启了火星外星生物学（Martian exobiology）这个领域的大门。

如果我们足够幸运，能发现一个简单的火星小细菌，我们就能得到这样一个美好的图景：在两个邻近的行星上，曾在同一时期都有生命。当然，生命有可能以陨石坠落的方式从一个世界传送到另一个世界上，并不一定是在每个世界上独立产生的。我们还可以进一步检视这些生命的生物化学及其形态学上的特性。也许生命只在一个世界上出现，被陨石带往另一个星球上后，就各自发展。如此，我们就可以看到数十亿年来各自发展的进化史。这是生物学上的大金矿。

如果我们真的幸运得不得了，我们真的找到了各自独立发展的生命实体，那么这些生命实体是否依赖核酸（nucleic acid）携带它们的基因密码（genetic code）？它们是不是依赖蛋白质实现酶催化（enzymatic catalysis）？它们用何种基因密码？不论这些问题的答案是什么，整个生物科学界都是大赢家。不管结论如何，这项发现表明宇宙中生物的分布，可能比多数科学家们想象的更广泛。

在下一个10年中，许多国家将提出野心勃勃的火星探险计划，包括绕火星轨道的机器人、着陆器、探测车，及掘地的宇宙飞船，好为解决这些问题打下基础。很可能，在2005年，会有一个机器人降落在火星上，把地表下岩石的样品从火星送回地球。[①]

2. 泰坦是不是生命起源的天然实验室

泰坦是土星的卫星，是一个极为不寻常的世界，其大气密度比地球高出10倍，组成成分大都是氮气（和地球一样）及甲烷（CH_4）。“旅行者”1号和“旅行者”2号这两艘宇宙飞船都曾在泰坦的大气中测到简单的有机分子化合物——含碳元素的化合物被认为与地球的生命源起有关。这颗卫星外层围绕着一层不透明的淡红色霾层，它的性质很像地球上实验室里制造出的有机物。当我们分析这些人造的有机物时，我们发现其中许多是地球上生物的基本组成物。你可以把泰坦看作类似地球但还未进行生命演化的星球。因为泰坦距离太阳很远，照理表面上的水会结冰。可是，其表面的冰块可能偶尔被彗星撞击释放出的热融化成水。在45亿年的历史中，撞击处的冰块可能以液态水的形态存在数千年之久。平均来说，泰坦的任何冰块地区似乎都曾被融化为液态水。2004年，美国国家航空航天局发射的宇宙飞船“卡西尼号”（Cassini）会到达土星，之后将放出欧洲空间局制造的子探测器“惠更斯号”（Huygens），它将通过降落伞慢慢降落在泰坦的神秘表面上。届时我们就会知道在泰坦表面，是否也有过一段生命的历史。

3. 是否存在地外高等智慧生物（外星人）

无线电波以光速穿行。没有比光速更快的速度了。某些频率的无线电波可以畅行无阻地穿过星际空间及行星的大气。如果地面上的射电望远镜或雷达反射碟（二者都是一样的，因用途而得名）指向另一个星

① 2013年“好奇号”火星探测车利用机械臂末端的钻头钻取了火星表面一块基岩的样品，这是首次通过钻探获取火星岩石样本。

球上的射电望远镜，而后者也指向地球，那么即使这两座望远镜相隔数千光年之远，也可以互相通信。因此，目前已有射电望远镜在探测是否有他人（外星人）正向我们传播信息。到目前为止，我们尚未发现任何明确信号，可是，有些十分有趣的“信号”——即这些信号的特性符合我们推测的外星人可能发出的信号特性。但当我们把射电望远镜再度朝向收到信号的方向，再次听取时，经过数分钟、数月、数年后，始终收不到第二个信号。我们才刚刚开启搜寻计划，而一次彻底的搜寻要花上一二十年的时间。一旦我们发现了外星人，我们对宇宙及我们自己的看法将会产生永久的革命性改变。如果我们经过长期系统的搜寻之后，仍一无所获，我们可能会调整某些认知，进一步认识到地球上的生命是多么稀有可贵。不论找到与否，这都是一种很有意义的搜寻。

4. 宇宙的起源和未来是怎样的

现代天文学对宇宙已经有了一个基本的认识：它的起源、特性及整个宇宙的命运。我们的宇宙正在膨胀，所有的星系之间正在互相快速远离。我们称这种运动方式为哈勃流（Hubble flow），这是证明在宇宙创生之际（或者在现在这个循环之中）曾发生过一次极大爆炸的三大主要证据之一。地球的引力可以把一块丢到空中的石块拉回地面，却拉不住一个速度高到可以离开地球表面的火箭。宇宙也是一样的。如果宇宙中有许多的物质，多到这些物质产生的引力可以把这些互相远离的星系都拉回来，宇宙的膨胀就会停止。膨胀的宇宙最后会停止膨胀，开始收缩，最后崩塌。膨胀的宇宙会变成崩溃中的宇宙。如果产生引力的物质不够，宇宙会永远膨胀，永不回头。虽然目前我们宇宙中的物质还不足以产生阻止宇宙膨胀的引力，但是根据许多其他证据，我们认为还有许多不发光的物质，我们只是无法用光学或其他已知的观测方法探测到它们的存在。如果宇宙的膨胀只是暂时的现象，总有一日宇宙会停止膨胀开始收缩。这就让人想知道，宇宙是否可以创生、膨胀、收缩、崩塌、再生（再次爆炸）、再次膨胀、再次收缩……如此无限循环，宇宙年龄将是无限大，那它就不需要创生，它永远在那里。如果我们发现，宇宙中的物质不足以拉住膨胀的星系，那么宇宙就是从一无所有中创造出来的。这是人类有文化以来，每个文化中的人，都在设法解决的问题。可是只有在我们的时代，其中一些问题才真正有希望被解决，不是基于臆测或编故事——而是经由累积的实际观察得出的。

我想，我们可以做一种合理的展望，在下个10年或20年中，在上述4个方面会有令人惊讶的新发现。我要再次声明，我提出的这4个宇宙级问题，也可以替换为其他的现代天文学问题。可是我对我自己最有信心的预测是，以我们现有的智慧还无法洞见最令人惊讶的真相。

第六章

如此多的太阳，如此多的世界

我们替宇宙想出多么惊讶和不可思议的设计！如此多的太阳，如此多的世界……

克里斯蒂安·惠更斯（Christian Huygens）

《对行星世界的新臆测，它们的居民及其产生过程》

（*New Conjectures Concerning the Planetary Worlds, Their Inhabitants and Productions*，约1670年）

1995年12月，绕木星轨道运转的“伽利略号”宇宙飞船放出了一颗子探测器，探测器进入汹涌澎湃的木星大气，死于烈火中。在迈向死亡的途中，它不断地向地球传送无线电信号，报告沿途测到的数据。之前，有4艘宇宙飞船在路过木星时也曾检测过它，也用在地面的和在太空的望远镜观察过这颗行星。木星和由岩石及金属组成的地球截然不同，它的组成物大部分是氢和氦。其体积大到可以装得下1000个地球。

木星深处的压力大到可以把电子从绕氢原子核的轨道中挤出，从而把氢变成很热的电导体，称为金属氢（metallic hydrogen）。人们认为这就是木星放出的能量2倍于它接收到太阳能量的原因。人们认为伽利略号放出的子探测器在穿越最深处时受到的打击，很可能不是来自太阳的能量，而是木星内部所放出的能量。木星的核心似乎是岩石和铁，其质量比地球的核心质量要大上许多倍，它的外面是一层厚厚的氢和氦。探测金属氢地区非人类能力所及，至少在往后数世纪或数千年内都不可能，更不用说探测那岩石组成的核心了。

木星内部的压力太大，我们很难想象那里会有生命，即使是某种和我们全然不同的生命。有几位科学家，包括我在内，纯为有趣，假想有一种可以在类似木星的大气中演化的生态系统，就像鱼和微生物在地球上的海洋中生存一样。在这种环境之下，生命的诞生恐怕是件极其困难的事情，不过我们知道彗星及小行星的撞击可以把各世界表面的物质从一个世界传到另一个世界，甚至可能将早期地球上演化出的原始生命形态传送到木星上。当然这只是一种猜测。

太阳和地球间的平均距离为1个天文单位距离（astronomical unit，AU），约1.5亿千米。木星和太阳的距离约为5个天文单位。如果不是因为木星内部放出的热量，及其厚厚的大气产生的温室效应[①]，整个木星的内部温度将达到-160℃。木星卫星的表面温度约为这么低。对生物来说，这太冷了，根本无法生存。

① 地球被太阳的可见光照射，而地球本身放射到太空的热是不可见的红外线。地球上的二氧化碳及甲烷能吸收地球表面放出的红外线，因此地球可以保存部分热量，保存的热量取决于二氧化碳、甲烷或其他类似的气体的含量。这种二氧化碳等气体导致的保温效应就叫作温室效应（greenhouse effect），产生温室效应的气体如二氧化碳和甲烷等被称为温室气体。

星云假说被证实

木星及太阳系中其他行星的轨道都在同一平面上，好像留声机唱片上的纹路一样。为什么会这样？为什么轨道平面不互成夹角？艾萨克·牛顿（Isaac Newton），这位首次解释了引力如何使行星绕日旋转的数学天才，也无法解释为什么这些轨道几乎在同一平面，他由此断言：在太阳系诞生之初，上帝把所有的行星都放在同一平面上。

到后世，数学家皮埃尔·西蒙·拉普拉斯侯爵（Pierre Simon the Marquis de Laplace），以及著名的哲学家伊曼努尔·康德（Immanuel Kant）才揭示出，不用上帝的协助，这些轨道几乎在同一平面上的原因。出乎意料的是，他们正是应用牛顿发现的物理原理才发现的。康德-拉普拉斯假设的简介如下：想象在星球之间，分布着呈不规则状、缓慢旋转的含尘星云，宇宙中有许多这类星云。如果含尘星云的密度够高，则分布各处的星云彼此间产生的引力足以抑制它们不规则的运动，这时星云就会开始收缩。此时，它的旋转就会加快，这就像花式溜冰运动员在旋转时，如果收回伸出的手，其转速就会增加一样。急速的旋转不会阻止旋转轴方向收缩崩塌的星云，但会阻止位于旋转平面的气体收缩。本来是一团不规则形状的星云，就会变成一个碟形的物体。因此，在碟形物体上聚集形成的行星的旋转轨道都会在同一平面。只用物理定律就可以解释了，不用借助超自然的神力。

可是，预测在行星形成前存在这种碟形星云是一回事，真正探测到这种碟形星云又是另外一回事。在发现类似银河星系的其他旋涡星系后，康德认为这些星系就是他所预测的形成行星前的碟形星云，因而声称“星云假说”（nebula hypothesis，nebula是希腊文的星云）已被证实。但是，后来发现这些旋涡星系其实是离我们极远且布满星球的星系，而不是恒星和行星诞生的地方。

要找到真正绕星旋转的碟形星云很不容易，要等到一个多世纪后，有了新仪器的助力，包括绕地球轨道的天文观测台，星云假说才真正被证实。当我们观测类似太阳的年轻恒星（和45亿年前的太阳相似）时，我们发现有一半左右的此类星球都被碟形的气体及尘埃包围，还有些恒星的附近好像没有遍布的尘埃，似乎行星已经在那儿形成，吞下了其间的物质一样。这不算是绝对的证据，可是它给了我们一个强而有力的启示，像与太阳类似的恒星，经常（还不能说毫无例外）有伴星左右相随。这类发现扩大了银河星系中伴有行星的星球数（预计有数十亿）。

可是，怎样观测这些行星呢？当然，恒星离我们的距离极远、极远——最近的恒星离我们几乎有100万个天文单位，再说，行星的光来自反射的恒星星光，所以远比恒星的光微弱。我们的科技正在飞速发展，我们至少可以在邻近恒星的附近看到像木星那样的大行星吧。如果无法在可见光范围看到，我们也许可以在红外线范围看到行星？

发现第一个太阳系外的行星

最近数年间，我们进入了人类史的新时代，我们已有能力观测到其他恒星的行星了。第一颗被观测到并得到证实的行星位于一颗出乎意料的星球周围，其编号为B1257+12。这是一颗急速旋转的中子星，是一颗质量比太阳更大的星球在极壮观的超新星爆炸后留下的遗体。[1]中子星的高磁场把电子限制在固定轨道上，产生了一种类似灯塔放出的信号——将电磁波以旋转的周期发送到星际空间。时不时地会有电磁波传到地球——每隔0.006 218 531 938 818 7秒就收到一次。这就是为什么B1257+12会被称为脉冲星（pulsar）。其旋转周期规律得令人惊讶。正因为它周期的高精确性，亚历山大·沃尔兹森（Alex Wolszczan），现任美国宾夕法尼亚大学教授，才能找到周期中的一些“小故障”（glitches）——最后几位小数的不规则变化。

这些不规则变化起因为何？是不是类似地震的“星震”（starquarke）？还是中子星上发生过其他事件？经过多年的观测，他们发现这些不规则变化也有其规则，这些不规则变化来自3个绕此中子星旋转的行星：行星在哪里就把中子星朝那里拉，行星运动到别的地方就把中子星往别的地方拉，这么拉拉扯扯就使主星动了一点，而这些小运动就在主星的周期中显示出来。用天体力学计算结果的精确程度既令人惊叹又让人信服：沃尔兹森由此发现了第一个太阳系以外的行星。而且这些行星还不是木星级的大行星。其中两个可能只比地球大一点，而它们绕此中子星的轨道距离也和地球绕日的距离差不多，大约1个天文单位。我们是否

① 普通星球的主成分是氢。在1500万摄氏度的高温下，氢以核子燃烧方式形成氦（过程中放出大量核能，我们感受到的太阳热能就来自这种核能）。1亿摄氏度的高温下，氦可以进行核反应生成碳，6亿摄氏度时碳可以进行核反应生成铁，而产生铁以后核能就用尽了，星球开始急速收缩，用引力能来补偿。可是急速地收缩时会使外部没完全反应的核燃料开始反应放出大量的能量，急速收缩的铁核心密度越来越高，最后高到把电子和质子合并在一起生成中子。这一过程进行得很快，不到1分钟，星球的核心就收缩到10千米左右，相当于星球崩溃。因在崩溃过程中放出大量能量，此时一颗星球的亮度将达到太阳亮度的10亿倍左右，造成大爆炸。这样的星球被称为超新星。南宋时期的天文记录中留有钦天监杨维德的报告，显示在1054年出现了一枚极亮的“客星”，白天都可以看到，这就是超新星。金、辽时期对这颗出现在1054年的超新星也有极详细的记载。欧美科学家们通过这些记载，断定蟹状星云（Crab nebula）就是宋史中所记录的新星遗体。天文学家发现，在蟹状星云正中央有一颗脉冲星，即中子星。中子星的质量和太阳的质量差不多，但是它的直径只有20千米左右。因此，它的密度极高，相当于水密度的100万亿倍。

会在这些行星上找到生物？答案颇让人失望：几乎不可能。这是因为这颗中子星不停地放射出很强的带电粒子，将这些和地球大小差不多的行星的表面加热到水沸点以上。这颗中子星离我们的距离约为1300光年，我们亲自去那里看看的可能性很小。这些行星到底是躲过形成此中子星的超新星剧烈爆炸而残存下来的星球，还是从这次超新星的爆炸中重新聚集形成的新行星？这到现在还是一个谜。

多普勒效应

在沃尔兹森的划时代发现后不久，又有人发现了好几颗绕星的行星体〔主要的发现人是在加州旧金山市州立大学的杰弗里·马西（Geoff Marcy）及保罗·巴特勒（Paul Butler），他们发现的主星都是类似太阳的星体〕。这些行星是通过传统的望远镜寻找我们邻近星球光谱中的微小变化找到的。有时，一颗星球似乎在朝我们而来，过一阵子又离我们而去。这种运动可以引发光波波长的变化，称为多普勒效应（Doppler Effect）。多普勒效应就像一辆汽车按着喇叭经过时，朝我们而来时喇叭声较高，离我们而去时喇叭声较低。光谱存在这样的变化，就说明有一些行星体在拉扯这颗主星做些小运动。我们再一次通过计算上的预测——从观测到的星球周期性运动推断出一颗行星体的存在——发现了一个看不见的世界。

以下这几颗星都有行星体环绕：飞马座51号恒星（51 Pegasi）、室女座70号恒星（70 Virginis）、大熊星座47号恒星（北斗星座，47 Ursae Majoris）。1996年，科学家又在以下星球周围发现了行星体：巨蟹星座55号恒星（55 Cancri）、牧夫星座τ（τ Bootis），及仙女星座

（Upsilon Andromedae）。大熊星座47号恒星和室女星座70号恒星都可以在春天的夜晚用肉眼看到。按照与地球的距离算来，它们都是地球的邻近星。这些恒星的行星质量，小的还没有木星大，大的是木星的数倍。最令人惊讶的是，这些行星十分接近其主星。飞马座51号恒星离其行星的距离只有0.05个天文单位；在大熊星座中，恒星与行星的距离只有两个天文单位；当然很可能还有未发现的类似地球大小的行星，可是这些行星的分布情形和太阳系颇为不同。

多个太阳系

在我们的太阳系中，类似地球的小行星都在内部轨道，而类似木星的大行星都在外部轨道。而在这些新发现的太阳系，木星级的行星好像都在内部轨道。为何如此，至今不详。我们甚至不知道这些行星到底是不是真的类木行星——就是说有一个类似木星的岩石和铁的核心，有极厚的氢及氦的大气，在深处氢被压缩成金属氢。我们知道，即使距离太阳0.05个天文单位，木星由氢和氦组成的厚厚的大气也不会被蒸发掉。这样的行星不太可能是在星系的周边形成后，再慢慢“踱步”到内部轨道上的。可是，早期形成的大质量行星也许受到星云气体的阻力，而减缓了它们的运动，因而在靠近主星的位置盘旋。大多数的专家都认为木星级的行星不可能在离主星这么近的距离形成。

为什么？我们认为木星形成的过程大致如下：在星云外围温度较低的地方，有许多冰和岩石的凝固体（可以看成小行星或小世界）。这些凝固体和现在观测到的彗星，或在太阳系外围的主要成分是冰的小卫星很类似。这些脆弱的小世界以低速互相碰撞，碰撞后粘在一起，从内往外不断扩大形成木星，其引力足以吸聚星云中的氢和氦。相反，我们认为主星附近的温度很高，根本就不存在冰，上述行星形成的过程无法进行。不过我认为，也许有些星云的主星附近温度比水的冰点还要低。

无论如何，有地球质量大小的行星绕脉冲星旋转，以及有4个新发现的木星级行星绕类似太阳的星球旋转，就给了我们一种启示，也许我们的太阳系并非独一无二的。这就使我们想要建立一般的行星系统起源理论，以解释各种不同行星系统的起源。

天文学家最近利用一种叫作天文测量学的方法发现了2个类地行星，可能有3个，正围绕一个与我们太阳十分邻近的星体旋转。这颗星体的编号是拉兰德（Lalande）21185号。多年来，天文学家持续记录下它的精确运动轨迹，任何来自行星拉扯的小运动都被仔细记下。利用这些不规则的小运动，我们就可以发现绕它旋转的行星体。然后我们就有了一个我们熟悉的，或者至少有点熟悉的，类似太阳系的外星太阳系。看起来，星际空间中有两大类行星系统。

寻找新天新地

关于类木行星上是否可能存在生命，我只能说其可能性和木星上存在生命的可能性差不多——几乎不可能。可是，这些类木行星很可能有卫星，就像我们的木星有16颗卫星一样。因为这些卫星跟它们的行星一样，离主星很近，所以这些卫星的温度可能很温和，例如室女座70号恒星的类木行星。这些星球距离我们只有35~40光年，从星际间的距离来说，这已经算是很近的了。我们至少可以梦想，有朝一日，我们会发射非常高速的宇宙飞船去拜访它们，返回的数据可以交由我们的后代去分析。

同时，还有很多其他技术正在涌现。除了测量脉冲星的自转周期突变及探测星体波长变化的多普勒效应外，我们还有地面干涉仪或更高级的太空干涉仪[①]；能消除大气气流扰乱影像的地面大型望远镜[②]；利用远处大质量的天体引起的引力透镜原理进行地面观测[③]；精确度极高的太空望远镜，能观测到因行星在主星前面走过，挡住极小部分星光而引起的极微小的光度变化。在未来数年中，这些技术都很可能实现实际应用。所以，我们可以希望未来能收获一些很重要的探测结果。我们现在已濒临能在数千邻星之间巡弋穿梭的时代，可以探寻这些星的伴星。对我而言，在下个10年中，我们大概可以得到有关于银河星系中，太阳系之外的上百个行星系统的信息——也许，在这些外星的太阳系（指非太阳系的行星系）中，甚至可能会出现几个小小的蓝色世界，有海洋、氧气及大气层，以及奇迹的生命迹象。

① 在第一章中提到两个狭缝出来的光会有相消和相长的现象，这就是干涉现象。如果用两台分开很远的望远镜看同一个远处的光点（如星星），也会有同样的干涉现象。如果能适当调整这两台望远镜的间距，把接收到的数据加以处理，就可以得到一个影像，其分辨率相当于这两台望远镜的间隔。如果这两台望远镜间隔1千米（或者10千米），这处理过的影像就等于是1千米（或者10千米）直径望远镜得到的结果，其分辨率可以测到最近的行星。在射电望远镜中，这种技术已使用了多年，而最近十来年才开始在光学望远镜中使用，这是因为光学干涉仪不易制造。

② 在前文提到的“星球大战”计划中，要用放大镜聚焦高强度激光，从太空中发出激光以摧毁入侵的导弹，所以发明了避免大气气流分散聚焦光的方法。天文学家就利用此技术消除了大气气流对观测影像数据的扰乱，因此提高了地面大型望远镜的分辨率。现在此技术已获得广泛应用。许多新的大望远镜都采用此技术。

③ 根据爱因斯坦相对论，可推测出光在经过一个物体附近时，能受该物体的引力影响而偏转。在太阳附近的星星，其经过太阳边缘的偏转角度为1.75角秒。1918年，英国天文学家爱丁顿在日食时观测太阳附近的星位置，证实了这个预测。这个偏转的角度和光与太阳的角距离成反比，产生焦聚效果，被称为引力透镜现象（gravitation lensing）。利用远处大质量的天体引起的引力透镜原理进行地面观测，就等于有一台焦距为数千天文单位，直径约为该星体直径数百倍以上的大型望远镜。

第二部分

保守分子在保守些什么

第七章

邮寄来的世界

这世界？

月光照着，

从一只鹤嘴尖掉下的小水滴。

道元《从无常中醒悟》

摘自吕西安·斯特里克及池本乔，

《禅》《日本诗集：鹤嘴尖》

这个小世界[①]是邮寄来的。它的外包装上盖有“小心易碎”的字

① 作者指的是生态球（Ecosphere，“ecology sphere”的简称）。这是一个密封的玻璃球，其中一半是水，一半是空气，水中有小动物（通常是一种极小的小虾及其他生物，一般是微生物），有绿藻。绿藻利用射入的阳光把小动物排放出的二氧化碳，进行光合作用，本身成长及制造氧气，小动物呼吸氧，把绿藻当成食品。小动物间有共生的关系，即有其他的生物（微生物）把小虾排泄出的废物当作食物。如果一切都配合良好，这个小球可以独立存在，小虾、绿藻、微生物等可以靠阳光共同生存。这种生态球被用来例证生物中的共存关系。这种生态球可以在科学及教育玩具店中买到。

样。一个小贴纸标签上画了一个破裂的小球，以加强警告意味。我小心地把包装纸打开，唯恐打开后看见一堆破碎的晶体或是碎裂的玻璃片。我用双手将它捧起，透过阳光看它。它是一个透明的球体，装了一半水。一个不易看到的标签上写着编号：4210。第4210号小世界，一定有许多类似的小世界。我小心翼翼地把这颗小球放在和它一起寄来的透明塑胶架上，注视着它的内部世界。

小型水世界

我可以看见其内部的生命——一个由细枝织成的网络，上面附有线状的绿藻，有六七个小动物，大都是粉红色的，在枝丫间腾跃。还有其他数百种小生物遍布水中，数量之丰不下于地球上海洋中的鱼类，可它们都是微生物，小到我无法用肉眼看到。这些粉红色动物是一种名不见经传的小虾。它们会立刻引起你的注意，因为它们看上去很忙碌。有些刚降在小枝上，用它们的10只脚走路，并摆动身上其他的须枝。其中一只小虾所有的肢体都专注于一件事——大吃绿藻。这些小枝上都覆满了绿藻丝，就和在佐治亚州及北佛罗里达州经常看到的盖满了西班牙苔藓的树一样。还看得到其他的小虾们匆匆地游走，好像赶着赴约会似的。有时它们从一处游到另一个处后，体色会发生变化：一种是苍白色，几乎呈透明状；另一种是橘红色，带有一些羞赧的红色。

从某方面来看，它们和我们截然不同。它们的骨骼长在身体的外面，它们可以在水中呼吸，它们的肛门就长在嘴边上（它们好像不太在乎外表及卫生，不过它们有一双很特殊的大钳，有像刷子的粗毛，偶尔会用它把自己全身刷洗一番）。

但从其他方面来看，它们又和我们很像。它们有脑、心脏、血液及眼睛。它们在水中快速地摆动肢体，像在向我们表现它们在有目的地行动。当到达目的地时，它们会精准地、小心地瞄准绿藻，然后专注地大吃一顿。有两只小虾好像比其他小虾更富有冒险精神，它们在这小世界中游荡，不顾绿藻的诱惑在其上方游泳，巡视着它们的地盘。

日久生情

观看小世界一阵子之后，你就能辨认出每一只小虾。它们会蜕皮，即把旧的骨骼褪下，再长出新的。长好后，你会看到蜕下的虾皮——透明的“尸衣”，硬邦邦地挂在小枝上，而这只褪下旧皮的主人又穿上了一套新的甲壳，重新开始它的日常生活。有一只虾则缺了一条腿，不知道是不是为了争取异性而和其他小虾打架，被对手咬掉的。

从某个角度看去，水面形成一面大镜子，小虾可以看见自己的镜像。它能不能认出自己呢？也许，它看见自己影像时会以为自己看到了另一只小虾。从其他角度去看，曲面的玻璃会把小虾的影像放大，这样我就可以看清这些小虾。例如，我注意到它们有长须。有两只小虾冲到水面，想要穿出水面，可是冲力不够，不敌水的表面张力而被水的曲面反弹回来。它们挺立起来——我想是被吓到了——再慢慢沉回水底，看上去这种行为像是一种例行事务，不值得提笔写信回家去报告。它们真酷！

既然我能通过这个曲面球看到这只小虾，想来它也可以看见我，至少可以看见我的眼睛——一个巨大的“黑圆碟”，带有褐色及绿色的边。真的，有时我在看一只忙着大嚼绿藻的小虾时，它的身体好像挺立起来，也朝我瞄了一眼。我们的目光互相接触了。我很想知道它对看到的一切有何想法。

由于工作繁忙，我有两天没去看它们。我忽然想起了它们，一睡醒就去看瓶中的小世界……可是它们似乎都不见了。我开始自责：我不需要喂它们，也不需要给它们维生素，还不用换水，更不必带它们去看兽医。我只要确保不让太多的光线照着它们，不让它们在黑暗中太久，温度保持在4.5~20摄氏度就行了（我猜太高的温度会把它们变成海鲜汤）。是不是我的疏忽造成了它们的死亡？就在这时，我看见一只小虾把它的触须从一根小枝后面伸出，我才知道它们的健康情况还不错。它们只是小虾，可是你看多了，就会产生一种感情，替它们焦急。

共存共亡

如果你被任命去管理这样一个小世界，而且你也很自觉地去管理照射光线的强弱和时间，以及水温，那么，不论你起初对它们有什么看法，最后你都会真正开始关心起生活在里面的生物。但万一它们生病了或者濒临死亡，你也只能束手无策地看着它们受苦。从某方面来说，你比它们强许多，可是，它们有些你没有的本领，例如在水中呼吸。你在这方面的本领大受限制。你甚至会觉得把它们关在一个玻璃的监牢中也许是件很残酷的事。但你可以自我安慰地说，至少它们在这里不受鲸鱼的威胁，也不怕油船失事导致的石油污染，也没有浸在酱料中被吃掉的危险。

褪下的虾皮像幽灵一样，它和不常看见的死虾都不会待在这种环境中很久。这些东西要不是被其他的虾吃了，就是被水中丰富的不可见的微生物吃了。这会提醒你，这些生物不是为了自己而努力生活的。它们彼此相互需要，它们互相照应——这种照应是我无法替它们做到的。小虾从水中得到氧气，呼出二氧化碳。绿藻吸收这些二氧化碳，呼出氧气。它们呼吸对方排出的废气，它们产生的排泄物也在植物、动物及微生物之间循环。在这个小小的伊甸园中，这些生物彼此间存在很亲近的关系。

人类文明的自毁

这些小虾的生存环境比其他生物的更脆弱和危险。小虾的主食是绿藻，绿藻的食物是阳光。至今我还搞不清楚，为什么小虾会一只只死去。当最后一只小虾不停地、忧郁地咬食绿藻时，终结的时刻来到了。它们的死亡让我很难过，这让我有点惊讶。我猜想这是因为我终于开始认识它们了。还有一部分的悲哀是来自我的恐惧，惧怕有那么一天，这个小世界的命运也会降临我们的世界。

我上面说到的这个小世界和金鱼缸不同，它是一个封闭的小型生态世界。光可以照入，再没有其他物品——食物、水、营养剂——可以进入。每件物品都被循环使用，和地球一样。在我们这个较大的世界中，我们——植物、动物及微生物——吃食、呼吸彼此的排泄物，相互依赖着过活。光也是地球生命的能源。太阳光穿过透明的大气后，给予植物能量，植物用此能量将二氧化碳和水转化为碳水化合物及其他食物，这些食物就变成动物的主食。

我们身处的大世界就像这个瓶中的小世界，而我们就像这些小虾。不过我们至少和小虾有一个区别：我们可以改变我们的环境。我们会危害自己，就像小世界粗心的主人会做不利于小虾的事一样。如果我们不小心，温室效应会导致地球表面温度升高；核战或大规模燃烧油田产生的黑尘将遮掩大气，阻碍阳光照射，引起冷却效应（我们暂不讨论被小行星或彗星体轰击的可能[①]）。因为酸雨、臭氧层枯竭、化学物品和辐射物的污染、热带林大规模消失，以及其他对环境的破坏，我们正把自己的小世界推向我们陌生的方向。我们声称的先进文明或许正在破坏地球脆弱的生态平衡，这生态平衡是自地球上出现生命40亿年来，历经许多不利的环境演化至今的。

合作是物种生存的关键

甲壳类动物的历史，如虾的历史，比人类或灵长类甚至所有的哺乳类动物都要长。绿藻的历史可以追溯到30亿年前，几乎可追溯至生物起源的时候，比任何动物的历史都要久远。这些生物——植物、动物、微生物等——已经合作很久了。我的小球里放入的生物都很古老，比我们知道的任何一切文明都要古老。这种合作的倾向是生物千辛万苦进化出来的。那些不和其他生物合作的物种，最后都走向灭绝。合作已经深深铭刻在所有继续生存的生物的基因中了。合作是这些生物的本性，也是

① 在6500万年前（白垩纪末期）恐龙突然灭绝，昆虫类及哺乳类兴起。现在人们认为恐龙灭绝的原因是有一颗直径10千米的小行星体撞到地球并爆炸，造成全球性大火。大火制造的尘埃遮盖地球数年，天气转寒，夏天也像严冬，草木不生，恐龙因而灭绝。该陨石坑在现在的墨西哥南部，为墨西哥湾的一部分，直径约300千米。平均说来，每隔数百年地球就会被一颗约70米大小的小行星体撞上。被撞时放出的能量和最大的原核子弹爆炸时放出的能量相当。每隔1万年，就可能有一颗大小约为200米的小行星体撞上地球。这么大的行星体撞来，就可能造成很严重的区域性气候问题。每隔100万年，就可能有一枚2千米大小的小行星体撞上地球，撞上时放出的能量相当于100万枚100万吨三硝基甲苯（TNT）级的氢原子弹。这样的大爆炸就会造成全球性的大灾劫，把很大比例的人类都杀死。每1亿年间就可能有类似造成地质纪代白垩纪和第三代间大灾祸级的，大小约为10千米的小行星体撞上地球。

它们生存的关键。

可人类是新出现的物种，才存活了数百万年。我们现在的科技文化只有数百年的历史。我们同物种（或和其他生物物种）合作的年份还很短。我们往往只专注于短期的利益而不顾长期的福祉。我们无法保证，我们在未来有能力了解整个地球封闭生态系统的性质，或者按照我们对生态系统的了解程度适当地改变自己的习性。

我们的地球是不可分割的。在北美，我们呼吸南美巴西热带雨林中产生的氧气；美国中西部工业污染产生的酸雨，摧毁了加拿大的森林；乌克兰的核事故产生的辐射物深刻影响了拉普兰（Lapland）的经济及文化；中国燃烧的煤能影响南美阿根廷的气温；靠近北极的纽芬兰（Newfoundland）的空调机所放出的氟氯烃化合物（chlorofluorocarbons）会增加近南极的新西兰人罹患皮肤癌的风险。各种疾病都能快速传播到世界上最遥远的角落，唯有通过全球性的医疗工作才能完全根除疾病。核战争和小行星撞击的危险将影响每一个人。不管你喜不喜欢，我们人类互相纠缠在一起，也同世界上的所有其他动植物纠缠在一起。我们的生命是交织在一起的。

如果上天并未赋予我们一种与生俱来的知识，知道如何把我们的科技世界变成一个安全平衡的生态系统，我们就要自己想出可行的方法。我们需要在这方面开展更多的科学研究，也要在技术方面保持自我克制。期望会有一位伟大的生态系统管理者（指各宗教中的上帝）从天上伸手出来，修正我们对自己生态环境的滥用与糟蹋，这种想法或许太不现实了。只有我们自己才能修正我们的环境。

这事没有难到我们无法完成。鸟类——我们总是轻视它们的智慧——都知道不能污染自己的窝。头脑只有一粒微尘那么大的小虾也知道。绿藻也知道。单细胞微生物也知道。现在，我们也应该知道了。

第八章

环境：要小心谨慎什么

知道了旧世界弊病的危险，也许这个新世界会更安全些。

约翰·邓恩（John Donne）

《剖析世界——第一周年祭》

（*An anatomie of the world—the First Anniversary*，1611年）

强大科技的象征

傍晚时分，有时可以看到飞机机尾放出的粉红色凝结云气在空中拖曳。如果天空十分晴朗洁净，它们会与天空的蓝色互相映照形成绝佳的美丽景观。太阳已经下山，在地平线上只剩一抹淡玫瑰红的余晖，提醒我们太阳在那里隐没。在高空飞翔的飞机上还可以看到太阳——即将西沉的鲜红的太阳。飞机引擎喷出的水汽立即凝结成小水珠。在高空寒冷的空气中，每架经过的飞机都留下一条小小的直线形云气，被余晖照耀着。

有时候，天上同时出现不同飞机喷出的数条云气线，它们互相交叉，犹如在天空中书写某种文字。遇上风力强劲时，这些云气线很快地左右散开，失去之前直线交叉的凌厉风采，被吹散成不规则的模糊长线形网状云，然后逐渐从你的视野内消失。如果你朝此云气线的尖端看去，将会看到一个正在放出云气线的极小物体。对大多数人来说，他们看不清机翼，也看不到引擎在哪儿，只看到一个不断放出这些凝结云气线的小点在移动。

待天色再暗一点的时候，你可以看到这小点会发光。或许是一个白色光点，或许是不断闪烁的绿色或红色光点。

偶尔，我会幻想自己是一个原始的狩猎采集者——或者幻想在我祖父母还是孩童的时代——抬头看见这些不可思议的来自未来的可怕怪物。人类出现在世界上许多年了，但直到20世纪才能飞上天。虽然在我居住的城市——纽约，天空上飞机往来的数量多于地球上的某些地方，但是在世界上，很难找到一个地方，看不见这些在天上写下神秘信息的机器。以前我们认为只有神祇可以居住在天上，这样看来，我们的科技已经达到一个令人惊奇的程度，但无论在心理上或情感上，我们都还没有准备好去面对这些新奇科技的诞生。

再过一会儿，星星出现了，偶尔，我会在繁星点点中看见一个移动的光点，有时还相当明亮。它的光芒时隐时现，常见两道光芒前后相连着闪烁。再也看不到那些像彗星的云气线划过天空了。在我看得见的星群中有10%或20%是人造飞行器，有时我误把这些人造光点视为在极远处和太阳一样发出强光的星体。较罕见的是，在太阳下山很久后，我还可以看见一个缓慢移动的光点，这光点通常很暗。由于它移动迟缓，我要仔细观察它在群星中的行动才能分辨出来，这是因为人眼倾向于把黑暗中不动的光点看成移动的。

这些缓慢移动的暗淡光点不是飞机，而是宇宙飞船。我们已经制造出能在1.5小时内绕行地球一周的机器了。如果这些宇宙飞船足够大，或者它们反射的光很强，我们用肉眼就可以看到它们。它们冲破地球的大气层，在地球附近的黑暗太空中飞行。它们飞得很高，甚至在地面上漆黑一片时，它们也能看见太阳。它们和飞机不同，不会自己发光。就像月亮和行星一样，它们的光芒来自太阳光的反射。

天空是从我们头顶上方不远处开始算起的。它包含了地球稀薄的大气层及广袤的宇宙。我们打造出了可以飞去这些地方的机器。但是，我们对这一类的奇迹已经感到习以为常，并不认为这是神话般的成就。与我们其他的科技文化成就相比，这些看起来平淡无奇的飞行器正象征着我们手中科技的强大威力。

随着强大威力而来的，就是强大的责任心。

无视危险，以求心安

随着我们科技的威力变得如此强大——在有意和无意间——我们也为自己招来危险。当然，科学和技术已拯救了数十亿人的生命，让无数人过上安宁幸福的生活，并把整个世界慢慢地整合为一体——可是，它们也改变了整个世界，使许多人无法适应这种改变后的世界。因此，我们创造了各式的新兴灾祸：它们不易被察觉、理解和逐步根治——如果不发起挑战，问题就无法获得解决。

因此，大众绝对有必要了解科学。许多科学家声称，我们如果继续做我们一直在做的事（比如污染环境），真正的危机就会出现。实际上，我们的工业文明可以看成一种诡计或陷阱。如果我们真的接受这些可怕的警告，试图消除这些危机，就需要付出高昂的代价。受影响的工业要损失利润，我们的焦虑程度会增加。因此，我们有充分的理由去忽视这些警告。也许大多数警告我们即将大祸临头的科学家都是在杞人忧天。也许他们有一种不正常的心理，喜欢吓吓我们这些人。也许这是他们想向政府多骗一些研究经费的诡计。因为，总有其他科学家与他们大唱反调，说根本没有值得去烦恼的事，这些警告没有被证实，以及无须人为干涉，环境就会自动修复。我们自然乐意相信这批唱反调的人，谁不会呢？如果这批唱反调的科学家是对的，我们的经济及精神负担就可以大幅减轻。所以，切勿贸然行事，一切以谨慎为要，缓慢行事，而且要有确凿证据。

可是，从另一方面来看，也许那些极力向我们保证环境没问题的人是类似波丽安娜（Pollyanna）① 的盲目乐观者。或者他们怕得罪有权有势者，或者他们直接接受了那些污染环境行业的经济支持。我们应当赶紧采取行动，在这些问题恶化到无法被解决之前进行整改。

我们如何做决定？

对于抽象的、不可见的或不熟悉的概念及词语，只要提出一个意见，往往会出现一个反对意见。有时，科学家提出的可怖未来，甚至被冠以“欺诈”及“恶作剧”之名。科学的预测到底准不准？一般人如何

① 波丽安娜是美国儿童文学《波丽安娜》的女主角，她是一个充满乐观思想的女孩，以乐观思想感染着身边的人。美国心理学家据此提出波丽安娜效应，用以描述人们普遍倾向于认同别人对自己的正面描述。

才能知道这些问题的真相？我们能不能采取一种冷静但中立开放的态度，让这些立场不同的人辨析出一个结果，或者等到出现明确无误的证据后，再决定最终立场。毕竟，非凡的结论要有非凡的证据作为支撑。那么，为什么那些宣扬要以怀疑主义及小心审慎的态度去研究特定结论的人，比如我自己，会主张要重视且立刻开始探讨提出的每一个结论？

每一个时代的人都认为他们遇到的问题是独一无二的，且有致命危险的。但每一个时代的人都能存活到下一代。有人说，四眼天鸡（Chicken Little）[①] 仍健壮地活着。

这种论调也许在某些时候有它的价值——当然，这种论调可以让自己不会因为恐惧而变得歇斯底里——可是，它的价值在今日已大大降低了。我们经常听到我们被一层“大气海”包围着。但地球大气的厚度——包括引起温室效应的一切气体——只有地球直径的0.1%，即1/1000。即使算上平流层，它的厚度还是不到地球直径的1%。“海”听上去好像分量十足，不可撼动，可是，和地球的大小相比，这层大气的厚度就像教室中经常看到的大型地球仪外面的那一层薄漆的厚度。如果把保护我们的臭氧层从平流层带到地球表面，它的厚度只有地球直径的40亿分之一，肉眼根本看不见。许多航天员报告说，当日光照到地球上，会看到一层薄薄的蓝色光晕——这就是我们的整个大气——立刻会让人想到它是多么脆弱，多么容易受损。航天员着急了。他们的确有理由着急。

① 四眼天鸡是美国的一个卡通人物。这部卡通片讲述有一天一样小物体从空中掉下，打到四眼天鸡头上，它就到处警告别人，天要塌了。所以“四眼天鸡”用来比喻大惊小怪，恐惧一切的人，类似杞人忧天。

空前生态难题

今日，我们面临一个人类史上空前的难题。数十万年前，我们的人口密度只有每平方千米0.01人，或者更少。当时，科技的尖端产品是手持的斧及火，我们还无法造成环境的巨大改变，连人类可以改变环境的这种想法都没有。我们的人数太少了，我们的力量太弱了。可是随着时间推进，科技进步，人口呈指数增长。现在我们的人口密度已到了每平方千米数十人，大多数人都集中在城市，手边有惊人的科技军火库——而我们对这些科技的威力，以及如何控制它们，却缺乏充分的了解。

我们的生命得以存活依赖一些稀少的大气成分，如臭氧（ozone）。但工业可以给其带来极大的，甚至是行星级规模的破坏。我们现在对这些不负责任的科技应用的管控还十分薄弱，而且，由于国家或公司只注重短期利益，我们往往不热心去提或做这些管控。这种态度几乎是全球性的。不论有意或无意，我们现在已经有了改变全球环境的能力。虽然学者还在讨论、争辩我们迈向预言中的行星级大灾祸会有多严重，但我们破坏环境的能力确实是毋庸置疑的。

也许对我们来说，科技的威力太大，也太危险了。也许人类还没有成长到能享有这些科技成果的地步。给一个还在襁褓中的小孩一把手枪，是否明智呢？如果是给一位牙牙学语的小孩、儿童，或一位血气方刚的青少年呢？也许像一些人所说，任何非军职的平民根本就不应该持有自动步枪，因为我们每个人在一生中几乎都经历过失去理智的时候。这是十分常见的。如果当时没有武器在手，可能许多悲剧都不会发生了（当然，支持可持枪的人也有理由，在某些情况下这些理由是合理的）。现在，一个更复杂的问题出现了：开枪伤人的后果是立即可知的。试想如果开枪后，要过数十年，开枪者才知道自己开了枪，或中弹者才知道自己挨了弹，会怎么样？如果真是这样，我们就会很难理解持枪的危险性。当然，这个比喻不是很恰当，可是现代工业科技对全球环境的影响就和这种延迟的杀人枪支一样。

对我而言，似乎有充分的理由去质疑、大声呼吁并建立新的风气及思考方式。当然，礼貌是一种美德，可以让最诚恳的恳求言语进入反对者的耳朵。但试图改变每一个人，让他们接受新的思想是很荒谬的想法。当然，也可能是我们错了，对手对了（这种事也发生过）。用辩论去说服一个人是很稀有的事（美国开国元勋托马斯·杰斐逊说，他从未见过一个人因此被说服过，可是这种说法未免过于草率，因为在科学界这是常态）。但是，这些都不是从公开讨论中退出的理由。

臭氧层枯竭与温室效应

医术的进步、新药的发明、农业的发展、避孕方法的普及、交通和通信方面的进步、新型战争武器的滥用、工业的疏忽所带来的副作用，以及对世界上长久被视为经典概念的令人不安的挑战等，使得科学和技术大幅改变了我们的生活。我们之中有许多人急躁地、气喘吁吁地想跟上时代，可是，要掌握这些新发展的含意有时必须慢慢来。远古时期的人类传统是，年轻人往往比其他人更能适应变化——不仅限于计算机的使用或录像机的操作，在新的世界视野及自我改变上也更容易适应。可是，现在变化速度之快，远超一个人一生知识和经验能理解的地步，并快速扩大不同世代间的代沟。本书的中间部分就是关于如何去了解及适应这些由科学和技术所引发的环境剧烈变动的——不管是好的或不好的。

我将专注于讨论臭氧层的枯竭及温室效应问题——以这两个问题代表我们面临的两难处境。但不要忘记，还有许多其他由于人类科技及其广泛应用而产生的恼人环境问题：大量的生物物种正在灭绝，而我们在治疗癌症、心脏病及其他致命疾病上，对这些濒临危险的稀有生物物种有迫切的需要；酸雨的问题；核武器、生物武器的问题；有毒的化学物质（及辐射物）的问题，等等。这些问题常发生在经济上贫困和政治上弱势的地区。最近在西欧、美洲及其他地区有一项出人意料的新发现，就是男性精液中的精子数陡降——这种减少可能是由某种女性性激素的化学物拟态物引起的（有人说，按这个减少速度去推算，到了21世纪中叶，西方世界的男性精液中的精子数可能会少到无法使女性受孕）。

为地球生命而战

地球是一个很特别的地方。据我们目前所知，地球是太阳系中唯一有生命的星球。地球是一个不断诞生新生命、满载生命的世界，而人类不过是地球上数百万物种中的一个。而过去兴盛的大多数物种今日都已消逝无踪了。在地球上繁衍兴盛了1.8亿年后，恐龙灭绝了，现在连一只都没剩下。没有任何一个物种可以保证永续生存下去。我们在地球上的历史不过百万年，可我们是第一个发明了自我毁灭方法的物种。我们是一个稀有的、高级的物种，因为我们拥有思考和把想法付诸现实的能力。我们被赋予了一项恩赐：可以影响甚至控制自己的未来。我认为我们有责任为地球上的生命而战——不仅为我们自己的生命，也为全体生物的生命而战。为人类和其他先于我们在地球上出现的物种，以及那些向我们求救的生物而战。我们如果够聪明，也要为那些比我们晚出现的生物而战。没有任何一件事情比保护我们物种的未来更迫切，更值得献身的了。几乎我们的所有问题都来自人类本身，因此，人类的问题也只有人类可以解决。没有任何一项社会传统、政治系统、经济学理论比这更重要的了。

宁可信其有

每个人至少都有过这样的经验，即心中有些烦恼的事，在脑中缠绕成为一种阴沉的基调，挥之不去。这种烦恼大部分和日常生活有关。在求生的过程中，焦虑不时嗡嗡地细声提醒，不断唤醒我们过去的失言，这种焦虑当然有其价值，它引导我们的大脑做出反应以试图解决当下的问题。对我们来说，这种焦虑主要来自如何为儿女们找到充足的食物。因此，焦虑是进化过程中的一种妥协之道——它充分体现了，以这一代的痛苦换取下一代生存的折中途径。使其有效的要诀是，选择正确的焦虑事件（如果你做得到这点的话）。从极度乐观的“天塌下来有高个子去顶”，到杞人忧天的心理状态之间，存在着一种我们应当以双臂去拥抱的心理状态。

除了那些数千年来劝人信教的各种不同宗教教义，以及刊载不实的惊怪事件的小报，唯一对这些新宣称的未来灾祸——人类有史以来从未见闻过的灾祸——深感忧虑的就是科学家。他们经受的训练使他们认识到世界到底是怎么一回事，因此他们知道，这世界和一般人想象的迥然不同。这里推一下，那里拉一把，就会产生严重的后果。人类已十分适应周遭的环境了——从气候到政治的全球性——任何改变都会造成动乱、痛苦和昂贵的后果。我们倾向于要求科学家一定要对他们公开的声明有十足把握，我们才会采取自保行动，以避开这些假想中的危险。但是有些宣称的危险听上去好像很严重，“宁可信其有”的想法油然而生，因此，即使发生这种危险的可能性很小，我们也要以审慎的态度面对。

我们采用类似的方法来应付日常生活中的焦虑。我们购买保险、教导小孩不要同陌生人交谈。在焦虑中，我们有时反而忘了真正的危险。有一位朋友告诉我的太太安说：“我担心的事从未发生过，但坏事会无缘无故地冒出来。”

骤然降临的灾祸越严重，我们越不容易保持冷静的态度。我们不是极力想忽略它，就是投入我们的全部资源以阻止这场灾祸发生。保持头脑清醒去深思我们的处境，并暂时抛开我们的焦虑实非易事。得失攸关的利害太大了。在下面的章节中，我要尝试去描述些令人头痛的、烦恼的，而且是目前我们这个物种正在做的事——我们如何关心我们的行星，我们如何安排我们的政治。我要尝试把双方的观点都表达出来，不过——我大方地承认——我评估了所有证据后，得出了一个观点。人类会做错事，人类也可以寻求解决方法。而我也要尝试指出某些问题的解决之道。你可能会认为有些不同于我提出的问题应当被优先处理，你也可能有不同的解决方法，可是，我希望你在读完本书的这部分之后，能愿意花些时间去思索未来。我并不愿意再给你增添更多的焦虑和烦恼——我们每个人要烦恼的事已经够多了——可是，有些问题尚未被思考透彻，至少对我而言是如此。用这类思维，推想今日的行动在未来会造成什么后果，是我们灵长类一个令人骄傲的传统，这也是为什么人类有过，甚至至今仍有许多辉煌成就的秘诀之一。

第九章

克里萨斯及卡珊德拉

要有勇气才能恐惧。

蒙田（Montaigne）

《蒙田随笔全集III，6》（*Essays*, III, 6，1588年）

住在希腊的奥林匹斯山（Olympus）的阿波罗（Apollo）是光明之神。他也掌管其他事务，其中一项是预言的能力，这是他的专长。住在奥林匹斯山的其他神祇也能做些预言，可阿波罗是唯一能把预言传授给人的神祇。他创立了神谕，最有名的在德尔斐城（Delphi，希腊中部的古城）。在那儿他将凡人神化，授予一位女祭师皮提亚（Pythia）预言的能力。“Pythia”的字源是“Python”，即一种无毒的大蟒蛇，而大蟒蛇正是她的化身之一。国王及贵族——也有平民——都来到德尔斐城求神谕，求神告诉他们，他们的未来。

厘清神谕，问对问题

在这些恳求神谕的人中有一位叫克里萨斯（Croesus）的人，他是吕底亚国（Lydia，小亚细亚的旧名，在今日的土耳其境内）之王。他的名字得以传诵至今是因为我们到现在还常用一个比喻："富得像克里萨斯。"他的名字变成富有的同义词，是因为钱币是在他那个时代，在他的国家中发明的——克里萨斯在公元前7世纪铸造了钱币，在那之前苏美尔人（Sumerian）用的是土烧出来的钱币。克里萨斯野心勃勃，不满足于吕底亚疆土的狭小，有意向外扩张。根据希罗多德（Herodotus）在《历史》（*History*）一书中的描述，克里萨斯想到了一个好主意：侵略波斯，将其变成吕底亚的属国。当时波斯是西亚的超级强国。塞勒斯（Cyrus）当时统一了波斯和米提亚国（Medes），建立起强大的波斯帝国。要攻打这样的强国，克里萨斯自然有点惶恐。

为了试探侵略波斯的意图是否可行，他派遣使者团去德尔斐城请求神谕。你可以想象这个使者团所携带的贡物有多丰盛——1个世纪后，即希罗多德撰写《历史》的时候，这些礼物仍被供奉在传达神谕的大殿中。这些使者替克里萨斯问的问题是："如果克里萨斯向波斯国开战，结果如何？"

毫不犹豫，皮提亚立刻回答："他会毁灭一个强盛的王国。"

"众神和我同在，"克里萨斯想，"是时候出兵了。"

他立刻招募佣兵展开攻击行动。他入侵波斯，但被击败了，颜面尽失。不仅吕底亚国灭亡了，他也变成波斯王朝中一个可怜的小官吏，专门为一些不重要的小官吏提供一些无足轻重的建议，这是一个亡国之君的下场。其处境有点像第二次世界大战后，日本天皇裕仁在华盛顿的环城大道[①]边上开设了一间小型顾问公司一样。

克里萨斯深感不平，因为他完全依规行事。他派了使者团去神殿求问皮提亚，也进献了相当多的贡品，而她竟然给他不实的信息令他受苦。他再度派人去神殿求问（他这次上供的物品与其战败后的地位不甚相称）：“你怎能对我这样不公平？”答案如下，摘自希罗多德的《历史》：

> 阿波罗的预言是说，如果克里萨斯去攻打波斯国，他会毁灭一个强盛的王国。如果他的顾问够优秀，就应该提醒他询问，神谕说的到底是他自己的王国还是塞勒斯的王国。可是克里萨斯不了解神谕到底说的是什么，而他也没有追问。因此他只能怪自己，不能怪别人。

如果德尔斐城的神殿是以骗钱为目的，它当然要找些借口来解释这个必然的错误，况且给出这种模棱两可的回答本来就是预言家的专长。但我们要从皮提亚这里得到的教训是，即使是神谕，我们也要问问题，而且要问有智慧的问题——即使我们得到了自己喜欢听的答案。决策者一定不能盲目地接受建议，一定要充分了解它们才行，也不能让自己的野心蒙蔽认识事物的双眼。依照预言做决策，一定要谨慎而为。

这种忠告也可以应用在现代传达“神谕”的预言家上，这些预言家就是科学家、智囊团（think tank）和大学、企业支持的学院，以及国家科学院（National Academy of Science）的咨询委员会等。决策者经常

① 华盛顿环城大道边上的小公司多如牛毛，大都是替美国政府的机关内接些小工作，如管理计算机、撰写计算机程序等。

去求些神谕，虽然有时不情不愿，但都得到了答案。现在即使没有人去问，很多预言家也会自动把答案送上门。给出的答案往往比问题更详细，这些问题的范畴很广，例如，溴化甲烷（methyl bromide）、南北极上空的涡流、氢氟氯碳化合物、南极洲西部的冰片层等。他们的这些看法，有时以数字化的概率呈现。一位诚实的政治家几乎不可能从这些答案中得到一个简单的“是”或“否”的回答。决策者一定要制定一套应对措施，而首要任务就是了解问题。因为现代的预言内容引用了科学知识，所以现代的决策者比以往更需要了解科学和科技（然而共和党应对这种需要的反应是，取消党中的科技评估机构。美国国会中几乎没有科学家。其他国家的情形也差不多）。

卡珊德拉的诅咒

还有另一个阿波罗和神谕的故事，差不多和上一个故事同样有名，也还有些关联。这就是特洛伊卡珊德拉（Cassandra）公主的故事（故事发生在特洛伊之战前）。她是特洛伊国王普里阿摩斯（King Priams）最聪慧、最美丽的女儿。经常寻觅美女的阿波罗（希腊的其他男女神祇也是一样好色）对她一见钟情。奇怪的是——在希腊神话中几乎从未发生过——她居然拒绝了他的求爱。阿波罗开始想法引诱她。他可以给她些什么呢？她已经是一位公主了。她有钱，又美丽，也很快乐。但阿波罗还是有一两件东西可以给她。他答应授予她预言的能力。这是个让人无法抗拒的礼物，公主同意以自己的爱情换取预言能力。阿波罗于是给了她——一位凡人——只有神祇才有的预言能力。可是，一旦得到了这个神赐的能力后，卡珊德拉居然可耻地毁约了，拒绝和阿波罗，一位神，做爱。

阿波罗大怒。但他不能收回他送出的礼物，因为他是神（不论你对这些神祇有何看法，他们至少是守信的）。他换了一种残忍又聪明的方法来惩罚她。他下了一个诅咒：没有人会相信她的预言〔我现在写的故事大部分都来自埃斯库罗斯（Aeschylus）所写的《阿伽门农》（*Agamemnon*）一剧〕。卡珊德拉预见了特洛伊城被攻陷的命运，她将其告诉她的人民，但没有人相信或加以注意。她也预言了率领希腊军队前来入侵的阿伽门农王会早逝，也没人相信。她甚至预言了自己的早夭，还是没有人相信。这些人不愿意听，他们把她当作取笑的对象。他们——特洛伊人和希腊人——都称呼她为“多愁的女士”。如果他们今天还活着，在不理会她的预言之外，恐怕还会替她取一个“预言灾祸的忧郁专家”的绰号。

卡珊德拉不懂为什么这些人一点都不相信她所做的大难降临的预言，如果相信她的预言，是可以避免有些灾祸的。她向希腊人说：“为什么你们听不懂我的话？我对你们的语言再熟悉不过了。”可是，问题不在于她说的希腊语口音不对，而是（我把答案稍微改了一点）：“你看，原因是这样的。即使是德尔斐城神谕殿中所做的预言也有出错的时候。有时这些神谕的意义暧昧难明，我们不能确定。如果我们连德尔斐城的神谕都不能确信，我们当然也不能确信你的预言。”这是她得到的最实在的回应。

她向特洛伊人做出预言时，得到的反应一样冷淡。“我向我的同胞们预言，”她说，“他们不久就要面临一场大灾。”可是她的国人完全不理会她看到未来的超能力，因而被毁灭了。她也被毁灭了。

漠视招致灾祸

我们今天能设身处地地明白卡珊德拉经历的阻力——接受可怕预言的阻力。如果我们面对一项不吉利的预言，而它又牵涉一个不易被外力影响的权贵或组织时，我们会很自然地不去理会或相信此预言。要缓和或避免这种危险，可能不仅耗时、耗力、耗钱，在付出改变的勇气后，可能还会面临生活秩序的大乱。不是每一个对灾祸的预言都会成真，科学家的预言也不见得都会成为事实。大部分的海洋动物并未因为我们使用了杀虫药而灭绝；除了非洲的埃塞俄比亚（Ethiopia）及萨赫勒（Sahel）地区外，全球性大饥荒并未成为20世纪80年代的标志；1991年的海湾战争中，伊拉克军队大规模焚烧科威特的油田，也未造成亚洲的粮食大规模减产；超声速飞机也没有威胁到臭氧层——虽然这些都是那些认真从事研究工作的科学家曾提出的预测。因此，当我们面临一个让我们很不舒服的新预言时，我们不禁会说："不可能的""我们从未碰到这样的事情""想要吓唬人"和"扰乱大众民心稳定"。

更进一步，如果这些预料中的灾祸是某些因素长期累积导致的，则这个预言本身就是一种间接或不言而喻的"指责"。为什么我们这些普通大众要让这种灾祸继续发展下去？难道不应该更早一点让我们知道这场大灾难？难道我们不应该因为我们没有采取行动让政府的领导官员保证消除这种威胁，而背上共谋的罪名？思考这些问题，不是件愉快的事——我们对问题的忽视和袖手旁观，会把我们自己及心爱的人置于危险之中——如果我们感到无所适从的话，自然会倾向对整个问题置之不理。我们心想，一定要有更好的证据，才能认真严肃地看待这些问题。此时就会出现一股力量，诱惑我们把大事看成小事，或忘却问题。心理学家很清楚这种诱惑。他们称之为"否认"（denial）。就像一首摇滚老歌唱的一样："否认不只是埃及的一条河流。"[1]

科学方法有助决策

克里萨斯和卡珊德拉这两则故事，代表了对致命危险预言的两个极端对策——克里萨斯代表的是轻信预言，不分好坏一概接受（通常愿意轻信报喜的预言），再加上他的贪婪及其他性格上的缺陷，促使他铸下大错；希腊人和特洛伊人对卡珊德拉的警言所表现出的态度则代表了另一个极端，完全不为所动地忽视可能面临的危险。决策者的工作就是在两个极端之间驶出一条谨慎的航道来。

假设有一群科学家宣称一个环境大灾难正在酝酿中，若要阻止或缓和这场灾祸必须付出昂贵的代价，无论是在经济预算、人才培养，还是对我们思想的挑战上，或许在政治上也是很昂贵的（会得罪许多权势人物或机构）。决策者在什么时候才要认真看待这些科学预言家的话呢？现在，我们有办法评估现代预言的正确性——因为在科学领域中，有一套矫正错误的步骤。科学中有一套运作良好的规则，取得了一次又一次的成功，我们有时称这一套规则为科学方法。这套规则有好几条原则〔我在另一本书《魔鬼出没的世界》（*The Demon-Haunted Word*）中也做了略述〕，表述如下：权威人士的论调没有什么分量（"因为是我说的"这类说法不符科学的标准）；基于数字的预测是区分胡说八道的理论和有用构想最好的筛子；通过推演一定要能导出和我们认知的宇宙不相矛盾的其他结果；激烈的辩论是一个健康的征兆；一个构想能成立，

[1] 原句（denial ain't just a river in Egypt）是关于语音双关的笑话，denial"否认"和Nile"尼罗河"发音类似，用来幽默地表达某人处于"否认"的心理状态。

一定要有不同的科学研究团体经过独立研究也能得到同样的结果；等等。因此，有了这些科学方法，决策者就可以在轻率选择和漠不关心之间，找出一条安全的折中之道。决策者必须在情感上有充分的自制力，不感情用事。而最重要的是，要有一群明智且精于科学的人民——让他们自己也能评估，问题的危险性到底严重到什么程度。

第十章
一片天空不见了

> 大好的土地，在我看来，也只像一块荒凉的海角；这顶优美的天空华盖，你看，这璀璨高悬的昊空，这镶金光的雄伟天幕——唉！在我看来，仅是一团混浊的毒粉。
>
> 威廉·莎士比亚（William Shakespeare）
>
> 《哈姆雷特》，第二幕，308行
>
> （*Hamlet*, II, ii, 308, 1599–1602）

小时候，我一直想要一套玩具电动火车。可是，一直到我10岁的时候，父母才买得起，送了我一套。他们买的是二手货，可是品相很好。它不是现在你们看到的那种轻型的、手指大小的小型玩具电动火车，而是动起来真的会发出当当金属声的那一种。光是火车头就有5磅（约2.25千克）重。它有一节煤车、一节客车和一节守车（是挂在货物列车尾部的木质铁皮工作车，主要是供车长乘坐）。全金属制成的连接轨道结合了三种不同的形式：直线的、曲状转弯的，以及一个极美的交叉轨，利用交叉轨就可以把轨道联结成一个“8”字形的弯形轨道。我把零用钱省下来，买了一个绿色的塑胶隧道。有了隧道，我就可以看到火车头在轧轧声中骄傲地穿过隧道时灯光如何照亮了黑暗。

伴随我这一段快乐时光的记忆是，在玩火车时，空气中散发着一股味道——不是让人不悦的，而是有些微甜的，来自变压器的味道。变压器是一个黑色的大金属盒，有一个红色的杆，用来控制火车的速度。如果你问我这变压器的功用是什么，我只好说，它用来把我们公寓墙上电插座的电压转换成火车头适用的电压。在很久以后我才发现，这味道来自一种特殊的化学物，是在电流穿透空气时产生的，它的名字是臭氧。

臭氧的产生

环绕我们的空气，也就是我们呼吸的东西，含有20%的氧——不是氧原子（化学符号是O），而是氧分子（化学符号是O_2，意思是两个氧原子被化学力结合在一起）。氧分子才是使我们生存的东西。我们吸入氧分子，把氧同食物结合在一起，因而产生能量。一种极为稀有的化学反应使氧原子彼此结合而产生臭氧。它的化学符号是O_3，意思是3个氧原子结合在一起。

我的变压器出现了一些问题。它不断地放出一些小的电火花。这些电火花破坏了氧分子的化学结合，氧分子因而被拆散成氧原子，其化学反应是：

$$O_2 + 能量 \rightarrow O + O$$（箭头表示“转换成”）

孤单的氧原子（O）因为没有了小伙伴而闷闷不乐。它的化学性质很活跃，很想同一些附近的分子结合在一起——它们做到了，于是有了以下化学反应：

$$O + O_2 + M \rightarrow O_3 + M$$

M代表的是其他任何一个分子。此化学反应并未用掉分子M，可是有了M，反应才能进行。M可以看成促成化学反应的“媒人”，即一般所称的催化剂（catalyst）。我们周遭充斥着许多可以当催化剂的分子，其中最主要的是氮（nitrogen）分子。

变压器就这样产生出臭氧。同样的过程也发生在汽车引擎和工业用的燃烧物内。制造出的臭氧下沉至地面附近，产生粉尘并造成工业污染。它不再呈微甜味。最大的臭氧危机不是地面弥漫过多的臭氧，而是上空的臭氧严重不足。

氟氯碳化合物

关心生态环保的人士，尽责而谨慎地对待这些问题。在20世纪20年代，人们大多都认为电冰箱是件好的东西。它便利、卫生，还可以保存水果、蔬菜及乳制品等，使它们可以运送到远方以配成可口的食品，每个人都想拥有一台电冰箱（有了它，就不必天天把大冰块搬来搬去[①]。可是仔细想一下，这样搬来搬去有什么不好？）。当时的电冰箱中的液体冷媒（它们热冷交替地变化，维持冰箱的冷却），不是氨气（ammonia），就是二氧化硫（sulfur dioxide）——这些物质又毒又臭。一旦漏气，后果真是不堪设想。因此，人们急需一种替代品——一种在适当情形下可以压缩成液体的冷媒。这种液体能在冰箱内循环，即使万一冰箱漏气或报废了，人或任何东西也不会受到损害。基于上述目的，我们想要寻找的是一种不具毒性又不能燃烧的物质，如此才不会腐蚀、灼伤人的眼睛，吸引昆虫，或伤害猫等宠物。可是在大自然中，似乎并不存在这种化合物。

因此，美国和德国化学家积极投入这项研究工作，首次合成了一类化学分子。他们称其为氟氯碳化合物（chlorofluorocarbons，CFCs），由一个或更多的碳原子再加一些氯原子及氟原子结合而成。以下就是其中之一的化学式（C代表碳，Cl代表氯，F代表氟）：

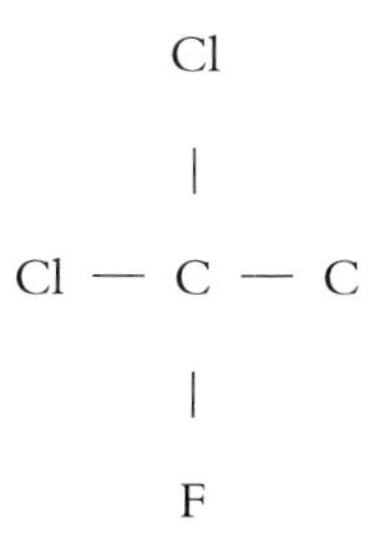

氟氯碳化合物取得的成功，远远超出其发明者的期望。它不仅成为维持冰箱运作的主要液体，也成了冷气机中制冷的液体。这种化合物后来的应用极广，包括喷雾罐（把液体变成小滴喷出，如喷发胶罐）、绝

① 20世纪20年代甚至到20世纪40年代，在美国，有些冰箱还是用大冰块做制冷剂的，每日有人来送冰。

缘软泡棉、工业溶剂，以及清洁剂（尤其在微电子工业领域）。最著名的牌子是氟利昂（Freon）①，它是杜邦化学公司注册的商标名。人们用了好几十年都未发现它有什么不良后果。每一个人都认为，它是再安全不过的东西。这就是为什么过了一阵子以后，惊人数量的化学工业厂商都选它为生产原料。

严重破坏臭氧层

到了20世纪70年代，这类化学物的年产量已达100万吨之多。如果在20世纪70年代早期，你站在浴室里拿一罐除体臭喷雾剂朝腋下喷，氟氯碳化合物就会以极小液滴的形态喷出。它们不会沾在你的身上，而是跑到空中，在镜面附近旋转，然后沾在墙上，最后穿出门缝及窗缝钻到外面的空气中，数天或数星期后，它们已完全融入户外的空气了。氟氯碳化合物和其他的分子相互撞击，时而撞到建筑物、电线杆，最后被对流气流带到大气中，在地球这颗行星的周围游荡。除了极个别例外情况，它们不与其他分子起化学反应，也不分解，几乎是完全惰性的化合物。数年后，这些氟氯碳化合物都进入高处的大气层中。

---

① 并非所有制冷剂都被叫作氟利昂，只有杜邦化学公司制造的R-12、R-13B1、R-22、R-502、R-503才被标记为氟利昂。目前“氟利昂”已成为一种常见的用语，就如“可乐”等词一样，通常泛指任何碳氟化合物制冷剂。现在氟利昂大致分为3类，包括氯氟烃类（CFC，也被称为氯氟碳化合物）、氢氯氟烃类（HCFC，也被称为氢氯氟碳化合物）、氢氟烃类（HFC），其中，CFC和HCFC是被《蒙特利尔议定书》定为全面禁止使用的对象，而HFC不在其列。CFC对臭氧层最大，HCFC的臭氧层破坏系数比CFC类小很多，因此，目前HCFC类物质被视为CFC类物质的最重要过渡性替代物质。

在25千米的高空上，臭氧自然形成。太阳的紫外线——就像我那有缺陷的电动玩具火车变压器放出的电火花，也放出类似的紫外线——把氧分子（O_2）分解成氧原子。这些氧原子和氧分子经过催化剂的作用，变成了臭氧。

在同一高度上，氟氯碳化合物也会被紫外线分解，不过分解得很慢，其分子的平均寿命约为1个世纪，即100年。氟氯碳化合物被分解后会放出氯。氯是一种可以促进臭氧分解的催化剂。一两年后，氯才会被气流送到大气的低层。在那儿，它伴着雨水落到地面上。就在这一两年中，平均每个氯原子可以促进10万个臭氧分子被分解。

这个化学反应的过程是：

$$O_2 + \text{紫外线} \rightarrow 2O$$

$$2Cl\text{（来自氟氯碳化合物）} + 2O_3 \rightarrow 2ClO + 2O_2$$

$$2ClO + 2O \rightarrow Cl\text{（Cl再生）} + 2O_2$$

最后的净结果是：

$$2O_3 \rightarrow 3O_2$$

2个臭氧分子被分解成3个氧分子，而氯原子还在，可以继续做破坏臭氧分子的恶事。

分解了又怎样？谁在乎？这些不过是高空中看不见的分子，被同样在高空，由地球上的人所制造的看不见的分子给破坏了。我们为什么要为这件事烦恼呢？

紫外线长驱直入

我们烦恼及头痛的原因是，臭氧是我们抵挡太阳射出紫外线的盾牌。如果把上空的臭氧层全部带到地面，并压缩到地面大气的密度，则它的总厚度只有3毫米——只有你小指指甲尖那么点（如果你不把指甲剪得太短的话）。虽然臭氧层不厚，但它就是我们阻挡太阳所放出的极强而可怕的长波段紫外线的坚实盾牌。

我们最常听到的紫外线的危害就是导致皮肤癌。肤色浅的人最易患皮肤癌，肤色深的人的皮肤中含有大量的黑色素（见第四章）以保护他们（日晒后皮肤变黑，是一种天择的适应方式，使肤色浅的白人在日晒后，在体内制造出黑色素来抵抗紫外线的伤害）。让肤色浅的人容易罹患皮肤癌，也许是对那些发明氟氯碳化合物者（白人）的一种宇宙级报应，而与这发明毫不相干的肤色深的人，就有天然的保护色素。现在，医学报告指出，目前皮肤癌的病例比20世纪50年代的要多出10倍。虽然病例增加的部分原因在于，现在医疗技术的进步也促进了诊断方式的与时俱进，但臭氧层的枯竭及紫外线照射的增加似乎也是原因之一。如果该情形继续恶化，即便只是日常的户外走动，肤色浅的人都必须穿上特制防紫外线的保护衣，至少在高原或高纬度地区必须如此。

由于照到地面上的紫外线强度变强，皮肤癌病例增加，使数百万人死亡，这还不是最坏的后果，白内障病例的增加也不是。① 更糟的是，紫外线会损伤生物的免疫系统（身体抵御疾病的机制），虽然只会波及不穿保护衣的人。是的，这听起来已经很危险了，可是真正的危险还在别处。

---

① 阳光中的紫外线可以引起白内障，因此现在的太阳镜都注重吸收紫外线，阻止其射入眼中。

破坏生物食物链

一旦暴露在紫外线的照射下，构成地球全体生物的有机分子都会被分解，或产生不健康的附属物。海洋中数量最多的生物是一种极小的单细胞生物，浮游在海洋水面上，被称为浮游植物（phytoplankton）。它们无法钻到水中躲开太阳光的照射，因为它们就是靠阳光制造食物的。它们可以说是“靠手吃饭”[①]的（这当然是一种比喻，因为它们既没有手也没有口）。实验证明，即使太阳的紫外线强度只增加一些，都会伤害到在南大洋及其他地区最普遍生长的单细胞植物。可以预料到的是，大量太阳紫外线强度的增加，将给这些单细胞生物造成严重的灾难，最后造成大规模的死亡。

研究人员对这些单细胞微生物的数量进行初步测量，结果显示，最近这些生长在海洋表面的生物数量有大规模减少的现象——减少的数量高达25%。浮游植物太小，没有高级动物和植物才有的皮肤来吸收紫外线。而这些生物不仅是食物链中的第一环，而且它们在生长过程中，还把空气中的二氧化碳变换成氧，因此，它们的减少除了会在食物链上的各类生物中引发一连串的大灾难，还会使大气缺失一个减少二氧化碳的途径，从而导致温室效应所引起的全球性变暖趋势更加恶化。这就是为什么臭氧层日渐稀薄和地球变热这两件事会被连在一起，虽然它们本来是风马牛不相及的两件事：臭氧层的减少发生在紫外线的范围，而地球变暖的原因在可见光和红外线的范围。

如果紫外线的增加发生在海洋上空，它的损害对象将不限于这些微小的单细胞植物，因为它们是单细胞浮游动物（zooplankton）的粮食，而这

---

① 原文是“from hand to mouth”，即用手做工，所得仅足以糊口。这里指的是这些植物性浮游物仅能抵抗现有紫外线强度，只要紫外线增加一些，它们就会被紫外线弄伤。

些单细胞浮游动物是小虾状的甲壳类生物（就像我的4210号小世界中的小虾）的食物，这些虾状生物又变成小鱼的食物，小鱼再被大鱼吃，而大鱼又被海豚（鲯鳅）、鲸鱼或人类吃。这些处于食物链中最底层的小单细胞生物的毁灭，将导致整个食物链中的生物都跟着毁灭。在陆地或水中有不少类似的食物链，而这些食物链似乎都会受到紫外线的影响而被破坏。例如，那些存在于稻米根中，把空气中的氮气变成肥料的细菌就对紫外线很敏感。紫外线强度的增加会威胁到谷物的成长，从而影响到人类的粮食供应。实验室中的研究证明，由于臭氧层的枯竭，近可见光范围的紫外线强度增加，许多生长在中纬度地区的谷物受到了伤害。

一旦臭氧层遭到破坏，照射到地面上的紫外线强度增加，我们将对我们居住的星球上密如网布的生物系统制造一种不可知却很严重的危害。对地球上各种生物之间相互依赖的复杂关系，我们是无知的，尤其对这种最易被紫外线损伤的、大型生物赖以为生的微生物的灭绝后果，我们更显无知。我们正在强行拉扯整个行星上生物织成的织锦，却不知道自己抽出了哪一根丝，甚至抽散了整个织锦。

没有人相信地球上空的臭氧层就要完全消失。即使我们承认现在面临的危机，我们也觉得地球不会变得像火星一样，被未过滤的太阳紫外线照射，成为不见任何生物的杀菌环境。可是，即使全球的臭氧量只减少10%——很多科学家认为这就是目前大气中氟氯碳化合物含量会导致的最终结果——看上去已经很危险了。

氟氯碳化合物未减反增

1974年，在加州大学尔湾分校（University of California, Irvine）

任教的舍伍德·罗兰（Sherwood Rowland）及马里奥·莫利纳（Mario Molina）首先发出关于氟氯碳化合物的警告——当时，人们每年把数百万吨的氟氯碳化合物送上平流层——这些氟氯碳化合物可能给臭氧层造成极大的损害。之后，世界各处的科学家所做的实验及计算结果都支持两人的发现。起初，科学家试图证实这些假设的某些计算虽然支持这项理论，但算出的损害并未如两位科学家所说的那么严重；其他的计算结果则比两人说得更严重。一旦科学上有一项新发现，往往会引来其他科学家的好奇，他们会试图去发掘这项新发现的立论是否正确，这是科学界的普遍现象。尽管其他科学家得出的臭氧层受损结果与罗兰及莫利纳的不尽相同，但所有的答案都大致支持两人的结论（因为这项发现，两人在1995年获得诺贝尔化学奖）。

每年靠销售氟氯碳化合物获利达6亿美元的杜邦公司，立刻在报纸及科学杂志上刊登广告，而且在国会相关委员会中做证，声称目前并没有氟氯碳化合物会危害臭氧层的实证，科学家夸大了这些计算结果的严重性，或说这些研究结果来自错误的科学论证。杜邦的广告拿“理论科学家和某些民意代表”与“研究专家及喷雾器工业”相比，前者建议全面禁用氟氯碳化合物，后者则是顺风转舵的适应时势者。他们的观点是，“其他化学物（而非氟氯碳化合物）……必须负起主要的责任”，并警告说，“不成熟的立法行动将摧毁企业”。他们宣称，这件事“缺乏证据”，并答应立即开展3年研究计划，待研究完成后他们可能会有所行动。一家财大势大的公司绝不会因为几位光学化学家的“莫须有”而甘冒每年损失数亿美元的风险。也就是说，只有当此理论的疑问完全被澄清后，他们才会考虑要不要改弦易辙。他们甚至还说，只有当臭氧层的破坏无法复原时，才应当全面停止氟氯碳化合物的生产。如果真照他们说的去做，届时也许根本就没有买主了，因为人都死光了。

一旦氟氯碳化合物进入大气，就没有办法把它从大气中清除（也无法把地面产生的，被当作是废料的臭氧用抽气机送到急需臭氧的平流层上空）。一旦氟氯碳化合物进入平流层，它造成的后果可以延续1个世纪之久。因此，罗兰和莫利纳、其他科学家，以及位于美国华盛顿的自然资源保护协会（Natural Resources Defense Council）都竭力推动全面禁用氟氯碳化合物。自1978年起，美国、加拿大、挪威及瑞典都开始全面禁止使用氟氯碳化合物作为喷雾罐中的喷雾推进剂。大众的紧张心理稍微被安抚了一些，他们的注意力也转移到别处去了。可是，大多数的氟氯碳化合物并非用在喷雾罐中。空气中的氟氯碳化合物含量依旧继续增加。现在大气中的氯含量比罗兰及莫利纳发出警高时增加了2倍，比1950年增加了5倍。

南极洲上空的臭氧层空洞

多年来，驻扎在南极洲哈雷湾（Halley Bay）的英国南极勘探队（British Antarctic Survey），一直从事着高空臭氧含量的勘探工作。1985年，他们宣布了一个令人不安的消息，即（南极的）春季臭氧含量已经降到数年前他们所测到数值的一半。这项发现立刻被美国国家航空航天局的人造卫星证实。在春季的南极洲，上空的臭氧层有2/3都不见了。南极洲上空的臭氧层出现了一个空洞。从1970年起，每逢春季，这个空洞就会出现在南极洲上空。冬季时，这个空洞会自动合上，可是每年春季，它出现的时间越来越长。没有一位科学家曾预料到会发生这种情况。

这个臭氧层空洞的出现导致全面禁用氟氯碳化合物的呼声更大（发

现大气中的氟氯碳化合物会产生更大的温室效应后，也曾出现这样的声浪）。可是工业界的高阶管理人员似乎对此问题持有不同的观点。氟氯碳化合物政策联盟（Alliance for a Responsible CFC Policy，一个氟氯碳化合物制造业者组织）的主席理查德·巴奈特（Richard C. Barnett），埋怨道："有些人要求立即全面禁用氟氯碳化合物，可这会造成十分可怕的后果。有些工业将因为找不到适当的替代品而被迫关门，这种医疗方法可能会杀死病人。"[①] 可是"病人"不应该是"某些工业"，这"病人"可能是地球上的全体生命。

化学品制造业协会（Chemical Manufactures Association）相信，这个出现在南极洲上空的大洞"很难有全球性的影响……北极，一个在地理上与南极很类似的地方，就没有发生过类似情况"。

随后，科学家在臭氧层空洞中发现了化学反应能力极强的氯原子，这项发现进一步显示了臭氧层空洞和氟氯碳化合物之间存在关联。而北极附近上空中臭氧含量的测量结果也间接表明，一个臭氧空洞正在该地上空成形。1996年，一份标题为《人造卫星确认氯氟碳化合物是导致氯气大量囤积在全球平流层的主因》的研究报告，用科学论文中几乎难得见到的强烈口吻声称，氟氯碳化合物和臭氧层枯竭二者之间的关联已"超出合理的怀疑"。火山也不时放出氯气；海水被冲上岸成为细雾时，一部分盐也可以被分解放出氯——这二者是有些极右派的电台播报员所拥护的高空中氯原子来源的推论——可是，这样放出的氯气最多只能解释已消失的臭氧含量的5%。

大多数人居住的北半球中纬度地区，其上空的臭氧层自1969年以

① 原文是"The cure could kill the patient"，意思是对某问题采取一种太强烈的对策，被这些问题侵害的人反会受到损害。例如，如果一座房子都是老鼠及蟑螂，放火把这房子烧了，固然所有的问题都可以解决，可是房子也没有了。

来，似乎一直在减少，当然其间会有起伏变化。火山喷出的悬浮微粒进入了平流层以后，也能削薄臭氧层，可是这样的减少只能维持一两年。按照世界气象组织（World Meteorological Organization）的数据，每年在北半球中纬度地区，在某些月份中，臭氧层会减少30%，某些地区的减少程度甚至可达45%，这引起了众人的担忧。过不了几年，这些生活在逐渐被破坏的臭氧层之下的生物将大祸临头。

全面停产氟氯碳化合物

加州伯克利全面禁用氟氯碳化合物制成的白色泡沫塑料餐盒，这些餐盒被用来保温快餐食品。麦当劳立下誓言要以其他的替代品取代破坏环境的氟氯碳化合物包装物。面临政府的立法约束及消费者联合抵制的威胁，杜邦公司终于在1988年——在发现氟氯碳化合物的危险14年后——宣称他们要逐步淘汰氟氯碳化合物的制造，但要到2000年才能完全淘汰掉。其他的美国氟氯碳化合物制造业者甚至连这种承诺都不做，虽然美国的氟氯碳化合物产量占全球的30%，但很显然，因为对臭氧层的长期性威胁是全球性的，所以任何解决方法都必须是全球性的。

1987年，许多制造及使用氟氯碳化合物的国家聚集在加拿大的蒙特利尔（Montreal），开会讨论限制氟氯碳化合物的制造及使用，并制定相关协议。最初，英国、意大利及法国等国，在其本国化学工业的施压下（法国主要受了香水业的政治力量的影响），很不情愿地参加这次讨论（他们害怕杜邦在美国禁止氟氯碳化合物的立法期间，发明一种替代品，藏在袖中不让人知道）。韩国这类国家则没有出席，某些发展中国家的代表则拒绝在条约上签字。美国内政部部长唐纳德·霍戴尔

（Donald Hodel）——一位由里根任命，极力反对政府对人民（及商业或工业）施以任何控制的保守派——据说，他居然建议，不必限制氟氯碳化合物的制造，我们只要戴上太阳眼镜和大草帽就行了。可是，这个意见无法传达给那些处在食物链最底层的微生物，地球上的生命就是依赖这些微生物过活的。虽然提出了戴太阳眼镜及大草帽的建议，但美国代表还是在条约上签了字。当时，美国突发反环保运动，所以人们未曾预料到美国代表居然会签字。单在美国，就有9000万台汽车用的空气调节机和1亿台的电冰箱需要更换。这是一种为了环保而必须做的重大牺牲。一大部分的功劳要归于理查德·班尼迪克（Richard Benedick）大使及英国首相撒切尔（Margaret Thatcher）夫人，她是念化学的，深知这问题的重要性。

后来在伦敦会议及哥本哈根会议上，各国代表对《蒙特利尔议定书》陆续做了增订及修改，现在这个公约已较过去完备许多。撰写本文的时候，有156个国家，包括苏联加盟共和国（现已独立）、中国、韩国和印度等都已在《蒙特利尔议定书》上签字（虽然有些国家在问，日本及西方国家都从氟氯碳化合物中牟利，为什么他们的工业正在起步，却要他们放弃电冰箱及冷气机。这的确是个该问的问题，可是太过于狭隘）。大家都同意到2000年完全淘汰氟氯碳化合物。后来这一时间又提前到1996年。20世纪80年代，每年氟氯碳化合物用量以20%比例激增的中国，也同意减小对氟氯碳化合物的依赖程度，且主动放弃协定中准许他们继续使用氟氯碳化合物的10年期限。杜邦公司突然变成限制使用氟氯碳化合物的领导者，而且宣称要比其他国家更早淘汰氟氯碳化合物。经过测量，大气中的氟氯碳化合物已经减少。问题是，我们必须全面停产氟氯碳化合物，并要等待1个世纪之久，大气才能彻底净化。如果我们懈怠得越久，危险也就会越大。

HCFC暂代氟氯碳化合物

显然，如果可以发现一个更便宜、效率更高的氟氯碳化合物替代品，且不会危害到我们或环境，这个问题就解决了。可是，如果没有这种替代品，怎么办？如果最好的替代品比氟氯碳化合物更贵，怎么办？谁来支付研究替代品的费用？谁来支付两者间的差价——消费者、政府，抑或制造氟氯碳化合物的化学工业（就是他们导致了现今糟糕的情况，而且他们还从中获得过利益）？这些已从氟氯碳化合物的制造及使用中获利的工业化国家，是否要调拨一笔庞大的资金援助那些尚未从氟氯碳化合物的制造及使用中获利的国家？如果我们要花20年时间才能确定新的替代品不会致癌，我们应该怎么办？我们要如何应付那些直接照射到南大洋上的紫外线？我们该怎么对付那些从现在起到全面禁用氟氯碳化合物这段时间内，仍旧在继续制造，也持续不断地进入臭氧层的氟氯碳化合物？

我们已经找到了一个替代品——或更好的说法是，过渡期间的替代品。我们可以暂时以氢氟氯碳化合物（HCFC）替代氟氯碳化合物。氢氟氯碳化合物是类似氟氯碳化合物的分子，不同之处在于其中2个氯原子被氢原子取代。如：

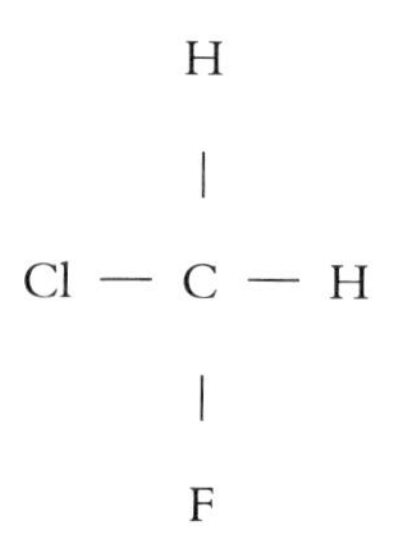

它们还是会对臭氧层造成一些破坏，不过少很多；它们和氟氯碳化合物一样，也是导致全球变暖的一项重要因素。在刚开始使用时，它们较氢氟氯碳化合物更为昂贵。可是，它们的确解决了我们目前迫切的需要，保护了臭氧层。这是杜邦研发出来的化合物，该公司还发誓说，他们是在英国南极勘探队在哈雷湾发现臭氧空洞后才开始研发氢氟氯碳化合物的。

拿溴原子和氯原子比较，溴破坏臭氧的能力至少是氯的40倍。幸运的是，溴的含量远少于氯。释放至空气中的溴来自灭火器中的发泡化合物，其中含有溴，以及溴化甲烷：

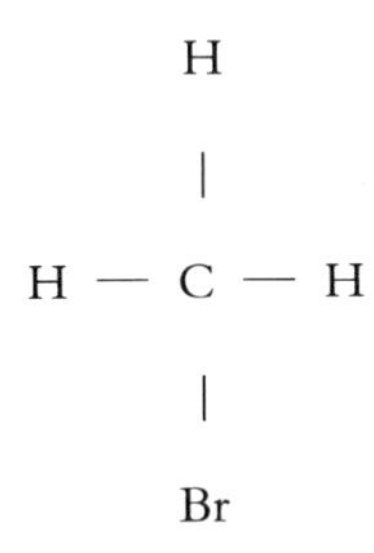

溴化甲烷的主要用途是杀死土壤及谷仓中的虫子。1994—1996年间，工业大国也同意逐渐淘汰溴化甲烷，将其制造量限制于1996年的产量，而全面禁用要等到2030年。因为截至目前，业界或科学界尚未研发出灭火器中发泡化合物的替代品，人们只能继续使用它——禁用与否都没用。此时，最大的技术问题是寻找一个更好的、长期的解决方法来替代氟氯碳化合物。这可能需要另一个聪明的方法来合成一种新的分子，我们也可能采取另一种途径，譬如，声波冰箱就不使用含有环境污染隐患的冷媒。这就产生了一个激发创造性发明的契机。这项新发明在经济上的回报和对物种及地球这颗行星的长期利益都会异常巨大。那些制造

武器的实验室已经因为“冷战”的结束而销声匿迹。可是，我很想目睹，这些研究者把他们那些高深无比的技术本领用在这一类极有价值的研究上。我也想目睹，把那些大额奖金和不可抗拒的科学界大奖，颁给发明出的高效、安全、价钱合理的新式冷却方法，它们可应用在空调和电冰箱上——可以适用于发展中国家的当地制造业。

《蒙特利尔议定书》的成就

对引发大规模改变来说，《蒙特利尔议定书》是非常重要的，而更重要的是它为这些改变指引出了方向。也许最令人感到讶异的是，在还不知道是否可以找到一个合适的替代品之际，全面禁用氟氯碳化合物的提议竟然能获得全体的支持。蒙特利尔议定书由联合国环境规划署（United Nations Environment Programme）主办，它的领导人，穆斯塔法·托尔巴（Mostafa K. Tolba）将其描述为“第一个真正能保护全地球每一个人的全球性条约”。

这真是一件鼓舞人心的事。我们能认识到新的和意料之外的危险，不同国家的人聚集在一起代表我们每一个人来解决这类问题，富有的国家愿意公平地分摊各项成本开销，并说服会因此而损失不少金钱的公司改变主意，并且使他们看到，这个危机能为企业带来新的机会。氟氯碳化合物的禁用，相当于数学家经常引用的“存在定理”（existence theorem）[①]——它证明，你认为无论如何都不可能做到的事，终究可以

① 许多数学的问题都是没有答案，例如中学的几何中提到，用圆规及直尺去三等分一个角是不可能的，这个问题就没有答案（这问题存在了2000年之久，许多数学家为了这问题不知浪费了多少时间）。现代的数学家一想到一个问题，就要先问，这个问题有没有解。如果没有解，就不必浪费时间了。证明问题存在解的定理就叫作存在定理。

做成。这也是我们可以谨慎乐观地看待未来的理由之一。

氯含量似乎已至顶点，在大气中，每10亿其他分子对应4个氯原子。这一比例目前正在降低。可是，由于溴原子的存在，科学家预测臭氧层在短期内不会自行修补完整。

显然，要放松对臭氧层的保护为时尚早。我们必须确定，全球对氟氯碳化合物的制造要几近停顿才行。我们有必要加快氟氯碳化合物替代品的研究工作。我们必须有全面而完整的监测系统（地面观测站、飞机、绕地轨道的人造卫星）从事全球性臭氧层的勘察①，其专注程度至少不低于我们面对自己心爱之人时心脏急速忐忑悸动所体验到的焦急和专注。

人类的胜利和光荣

签订《蒙特利尔议定书》之后不久，平流层的氯含量已经减少了。自1994年起，平流层的氯及溴的总含量也减少了。如果溴的含量在减少中，那么按估计，在21世纪开始时，臭氧层就要开始进入长期性修复期了。如果直到2010年才对氟氯碳化合物进行全面性控制，届时，平流层的氯含量将比现在高出3倍。南极上空的臭氧层空洞，要一直到22世

① 美国国家航空航天局和国家海洋和大气管理局（National Oceanic and Atmospheric）在取得臭氧层的枯竭数据及研究其出现原因上表现突出〔例如，雨云七号（Nimbus-7）人造卫星发现在地球上紫外线照射增强最强的地方——南智利及阿根廷二区，其强度每10年增强10%，在大多数人居住的北半球，增加率约为一半〕。美国国家航空航天局一项新的人造卫星计划——“地球任务”（Mission to Planet Earth），将继续大范围监测臭氧及相关的大气现象，时间达10年（或更长）。同时，俄罗斯、日本及欧洲空间局（European Space Agency）的会员国及其他国家都在考虑建立自己的研究计划并发射卫星。由这些计划看来，人类的确在认真面对臭氧层枯竭的威胁。

纪中叶才会开始恢复。而春季发生的北半球中纬度地区的季节性臭氧层枯竭程度将高达30%——诚如罗兰的同事迈克尔·普拉瑟（Michael Prather）所言，这真是一个惊人的数字。

在美国，禁用氟氯碳化合物的政策仍然遇到许多的阻力，这些阻力来自相关的空调及电冰箱从业者，以及极端的“保守分子”和国会中的共和党议员。1996年，众议院多数党领袖汤姆·德雷（Tom DeLay）说：“关于禁用氟氯碳化合物的科学根据仍有再讨论的必要。”至于《蒙特利尔议定书》他表示，那是“媒体用来吓唬人的”。另一位众议院议员约翰·杜里图（John Doolittle）也认为，偶然连系在一起的臭氧层枯竭和氟氯碳化合物间的关系，仍旧是一个“科学上没有定案的问题”。有一位记者提醒他，这些科学论文都是经过科学家极为严格的评估后才公开发表的，他的回答是：“我不会参与‘科学家评估’这类胡说八道的活动。”我想，如果他能参与，也许对美国来说是件好事，因为科学家之间的评估才正是“胡说八道”的探测器。在给罗兰及莫利纳颁发诺贝尔奖时——我认为他们的名字应当让每一个学童都知道——大会给出的获奖理由是：“他们将我们从一个很可能要发生的全球性环境问题中拯救出来，这一灾祸可能导致毁灭性的后果。”很难理解，为什么“保守分子”要反对“保守”我们大家——包括这些保守分子——都依赖为生的环境。请问，这些保守分子到底想要“保守”什么？

臭氧故事的中心主旨就像许多其他威胁环境的故事一样：我们把某种物质倒进（或者预备倒进）大气中。我们并未彻底地检视这种行为对环境的冲击——因为检视的成本高昂，或者会延误生产，减少利润；或者那些当权者不愿听反对的意见；或者最好的科学人才没有被请来研究这件事；或者只是因为我们都是会做错事的凡人，因而会忽略某些事情。然后，我们突然要面对一个完全出乎意料的全球性危机，会导致最险恶的后果并持续数十年或数个世纪之久。没有局部的解决方法，也无法在短期内获得解决。

从这些例子中，我们获得的教训是很明显的：我们不是时常聪明到足以预测所有行为的后果。发明氟氯碳化合物的确是一件非凡的成就。那些化学家的聪明才智也都很了不起。可是，那些化学家还不够聪明。正因氟氯碳化合物的惰性如此之强，它们才可以一直存留到进入臭氧层。世界十分复杂，空气是很稀薄的，大自然也是很敏感的，而我们的破坏能力非常强，所以我们一定要战战兢兢地行事，并对污染大气的行为毫不宽容。

对于我们这个行星，我们一定要建立更高的卫生标准，发展更多的科学资源去勘察、监测及了解它。我们也必须从现在就开始思考和采取行动，不单是为了我们的国家及我们这代人（当然更不是为了某些工业利润着想），更是为了整个易被损伤的地球及未来的子子孙孙而着想。

臭氧层的空洞是一种书写在天上的文字。起初，它也许只反映出我们在酿制致命巫药之前洋洋自得的态度。或许后来，它真正告诉我们的，是我们有一项新发现的天赋——可以携手合作共同保护我们的环境。《蒙特利尔议定书》及其后续的修正条例代表了人类的胜利及荣光。

第十一章

伏兵：全球变暖

可是坏人正为自己张下罗网，要害死自己。

《圣经·箴言》1：18（Proverbs 1:18）

科技文明的推动力量

3亿年前，地球上布满沼泽。这些沼泽中茂盛的羊齿植物（蕨）、木贼植物、石松等死了以后都沉于污泥中。一个一个世纪过去了，这些植物的遗骸越埋越深，在地下深处，它们慢慢地转变成我们称为煤的一种坚硬有机固体。在各时代、各地区中，无数单细胞植物及动物死去，沉到海底，被冲积物盖住。在时间缓慢的熏陶过程中，这些死去的单细胞生物逐渐转变成一种我们称为石油及天然气的有机液体及气体（有些天然气可能是原生的——并非来自生物遗骸，而是和地球一起形成的）。人类进化以后，与这些冒出地球表面的奇异物质有了初步的邂迈。地底渗出的石油和天然气被雷电击中而起火燃烧，有人认为这就是“永恒不灭之火”的源起，这种火就是古波斯拜火教崇拜的神祇。马可·波罗（Marco Polo）从中国回去以后，告诉当时的欧洲学者，在中国，人们开矿挖出了一种黑色的石块，一点火就会燃烧，但被这些学者斥为无稽之谈。

最后，欧洲人终于知道了这些易于携带、蕴藏丰富能量的物质有广泛的用途。它们远比木柴好用。你可以用它们来温暖屋子、当作炉子的燃料、启动蒸汽机、发电、做工业的能源，以及用来驱动火车、汽车、轮船、飞机等。被应用在军事上，它们也一样威力十足。因此我们学会了如何把煤从地下挖出来，挖洞时穿过石层到达石油及天然气的埋藏处。由于地底的压力，它们喷出地面。结果，这些物质变成经济的主宰，成为全球科技文明的推动力量。从某种意义来说，它们统治了全世界。这绝非夸张之词。就和这世间所有事情一样，使用这些物质是要付出代价的。

我们称煤、石油及天然气为化石燃料，因为它们大部分来自上古时代的生物遗骸形成的化石。它们的化学能量可以看作一种太古植物累积的太阳能量，这些能量储藏在这些太古生物的遗骸中。借着燃烧这些在上亿年前，即远在人类出现以前占据地球的生物遗骸，人类文明得以生生不息，绵延至今。我们犹如一些可怕的食人族，以我们祖先及远亲的遗骸为生。

回想起我们唯一可使用的燃料还是木柴的时候，我们就会赞美化石燃料带来的种种益处。它使我们创造了许多全球性工业，这些工业在经济和政治上占有举足轻重的地位——不仅限于石油、天然气、煤的商业财团，也包括完全依赖它们的行业，如汽车、飞机等，或部分依赖它们的行业，如化工、肥料、农业等。因为对这些能源的依赖甚深，许多国家都尽力保障国内化石燃料的供应。能源是引爆第一、第二次世界大战的主因之一。日本在第二次世界大战时发动侵略的动机，据他们自己的解释，是为了保障他们的石油来源。1991年海湾战争也提醒我们，化石燃料在政治及军事上的重要性。

不惜代价捍卫石油

大约30%的美国进口石油来自波斯湾。在某些月份中，超过半数的美国石油依赖进口。在美国的收支逆差中，进口石油就占了50%以上。美国每周要花费超过10亿美元进口石油。日本也差不多。中国——由于消费者对汽车的需求量激增——在21世纪初就可能达到相同的数量。西欧的石油输入也有类似的数量。经济学家描绘了一些因石油涨价而招致的可怕远景，如通货膨胀、高利率、对新工业投资的减少、工作机会减少、经济不景气等。它们可能不会发生，可是，这是我们对石油上瘾之后的可能后果。石油问题会促使一个国家做出一些没有原则的或鲁莽的决策。一位美国专栏作家杰克·安德森（Jack Anderson）在1990年提出了一个许多人都赞成的意见："虽然这不是大众都喜欢的做法，但美国一定要继续承担它作为世界警察的职责。从完全自私的立场来说，美国需要世界上的资源——其中最重要的就是石油。"按照当时参议院少数党（当时是共和党）领袖鲍伯·多尔（Bob Dole）的说法，1991年海湾战争——美国派遣20万名年轻男女，冒着生命危险参与这场战争——的发生，"只是为了一件事：石——油（O-I-L）"。

在我撰写本文时，原油的一般价格是每桶20美元，勘探过的或已被证实的全球石油储藏量约为1万亿桶，以每桶20美元计价，总值约为20万亿美元，相当于美国国债的4倍。有人称石油为"黑金"，的确不假。

每年全球的石油总产量为200亿桶，因此，每年我们消耗掉世界上已知石油储量的2%。照此推算，你可能想到，我们很快就会耗尽所有石油，也许50年不到就没了。可是我们也不断地发现新的石油储藏区。以前有不少预测说，我们在某某时候就会用光石油。但这些预测都是空穴来风。当然，全球的石油、天然气和煤储量一定是有限的，因为有限的上古生物把它们的身体贡献给我们，所以我们才能过上舒适及便利的生活。根据现状来看，我们不太可能很快就耗尽这些化石燃料。唯一的问题是，寻找新的油田和石油处女地的代价会越来越高，如果石油的价格突然变化太快，将引发世界经济动荡，有些国家甚至不惜发动战争以抢夺石油。当然，还有环境上的代价。

自食恶果

为了石油，我们付出的代价不仅是金钱而已。在早期，即英国工业革命之后，被人们称为“魔鬼磨坊”（satanic mills）[①] 的纺织工厂造成了严重的空气污染，引发了呼吸疾病的大流行。著名小说《福尔摩斯探案集》、有名的双重性格小说《化身博士》，以及从未破案的“开膛手杰克”的故事都提到过鼎鼎大名的伦敦“豌豆浓汤”式浓雾，这都是家庭及工业燃烧煤炭造成的结果。今天，汽车排出的废气也加入了污染的行列，污秽的烟雾铺天盖地而来，在大城市肆虐着，这些烟雾影响了我们——烟雾制造者——的健康、我们生活上的乐趣及生产能力。我们知

① 工业革命除了引发了空气污染，还导致失业率一时大增，首当其冲的是纺织业，因此有人把纺织工厂（英文中“纺织厂”同“磨坊”是同一字，都是“mill”）叫作“魔鬼磨坊”。

道酸雨的问题，也知道运输原油的船只出事后流出的原油在生态上的破坏。可是，我们依然认为，燃烧化石燃料带来的益处远超过这些在健康和环境上的惩罚。

现在政府及民众逐渐了解了燃烧化石燃料的另一个危险后果。如果我烧1块煤或1加仑（约3.8升）的石油，或1立方英尺（约0.03立方米）的天然气，就表示我把这些化石燃料中的碳和空气中的氧化合在一起。这个化学反应把关在这些化石燃料中将近2亿年的能量释放出来。可是，1个碳原子和1个氧分子结合在一起就得到1个二氧化碳分子，过程如下：

$$C + O_2 \rightarrow CO_2$$

而二氧化碳是一种温室气体。

决定地球温度或地球气候的因素是什么？从地心慢慢渗到地球表面的热量，与太阳照射到地面的能量相比，只能算是小巫见大巫。的确，如果突然关掉太阳，使其不放出能量，地球的温度就会陡降，地球上的空气都会凝固，地表也会被一层由氮和氧组成的厚达10米的白雪覆盖。我们知道有很多阳光照在地面上把它暖化，我们能不能计算一下，地球表面的温度应该是多少呢？这是一个很容易的计算。这也是另一个用精确数字表达事实从而展现出科学的力与美的例子。

零下20摄氏度错了吗？

地球表面吸收的能量一定同它辐射回太空的能量相当，但我们通常都想不到地球会把能量辐射到太空去：当我们在夜晚搭乘飞机时，看向地面，我们看不到地面在暗中发光（除了城市中人为的灯光）。这是因为我们能看见的是可见光，也就是我们眼睛对其反应最敏感的那种光。如果我们能看到红光以外的光，看到所谓的热红外光的光谱区——其光波长是黄光的20倍——我们将看到一个发光的地球，发出冷冷的红外线，在非洲撒哈拉大沙漠发出的红外线将比南极洲放出的红外线要强，白天放出的又要比夜晚放出的强。这不是地球反射回去的太阳光，而是这颗行星本身放出的红外线。太阳射入的能量越多，地球辐射回去的能量也按比增加。地球越热，它在黑暗中放出的红外线也越强。

把地球加热的能量多寡取决于太阳的强度和地球把多少太阳照射的能量射回到太空去（没有被射回去的光就被地面、云层、空气吸收了。如果地球真的和镜面一样光滑，太阳光就无法把地球表面加热）。被地球射回太空的光，大都在可见光范围。因此，设定输入（地球吸收的阳光）等于输出（取决于地球的表面温度），你就得到了一个方程式。两边配平，就能算出地球的平均温度了。一点都不难，再简单不过了！如果你做了计算，结果是什么？

我们计算的结果是，地球表面的平均温度约为零下20摄氏度。在此温度下，海洋应该是一大块的冰，我们每个人都应该冻得全身僵硬，地球不应该是生物可以生长的地方。当然，事实不是这么一回事。我们的计算错在哪里？我们算错了吗？

温室效应使地球变暖

我们并没有算错。我们只是忽略了一些该考虑的东西，我们忽略了温室效应。我们在做上述计算时，隐含的假设是地球没有大气。虽然大气对可见光来说是透明的（美国丹佛及洛杉矶是例外[①]），可是，在热红外线的范围来看，就是地球能量辐射回太空的那个波段，地球的大气就没那么透明了。这无异于推翻了所有的假设。空气中的一些气体——二氧化碳、水汽、氮氧化物、甲烷（沼气）、氟氯碳化合物——对红外线的吸收特别强，虽然在可见光的光谱中它们十分透明。但如果你把这类气体放在大气中，那么太阳光依然可以照入。但是当地球表面以热红外线的光谱范围内的形式将能量辐射回太空时，这层像毛毯一样的气体会阻碍这些热红外线的辐射。因此，大气在可见光范围内是完全透明的，而在红外线范围就变成半透明的。于是，地球表面就会变得更暖一点，其吸收的太阳射入的能量和以红外线光辐射回太空的能量相等。如果计算一下这些气体在红外线的不透明程度，和它们所吸收到的地球辐射回太空的红外线量，你就得到正确答案了。答案就是地球的平均温度——把地表每一纬度、每一地区的温度，以及春夏秋冬四季昼夜的温度都平均起来——是13摄氏度。这就是海洋不结冰，地球的气候如此宜人且适合我们人类生存的原因了。

我们的生命依赖大气中的少数组成部分，不可见气体之间的微妙平衡。少许的温室效应是件好事，可是，一旦加入更多产生温室效应的气体——就如我们自工业革命起至今所做的，一直大量生产二氧化碳，并排放至大气中——这层毛毯的厚度增加，大气将吸收更多的红外线使地球变得更暖。

① 这两个城市因为地理位置的关系，缺少空气对流，特别容易形成人为的雾霾。

金星的提醒

对于大众和决策者而言，也许这些听来都太抽象了一点——不可见的气体、红外线毛毯、物理学家的计算，等等。如果花钱与否是一个重大决定，我们是不是应当要有一些更明确的证据，证明真的存在温室效应，且太多的温室效应确实会带来危险？大自然很仁慈地用距离我们最近的一颗行星提醒我们需要更小心从事。这颗行星就是金星。它比地球更靠近太阳，可是其密不透风的厚云层将大量的阳光反射回太空，使这行星吸收到的太阳能量远少于地球。如果没有温室效应的话，它的表面温度应当比地球低。它的大小和质量也都和地球差不多。从这些描述中，也许我们可以很天真地推断，它具有类似地球的宜人环境，是一个理想的旅游去处。

苏联曾做过先锋性的探测，送了一系列宇宙飞船去金星探险。如果你也像苏联一样，送一艘宇宙飞船去金星，经过它那厚实的云层下降至金星地表，你就会发现，金星云层的主要成分是硫酸，而它又厚又密的大气几乎全是二氧化碳，气压是地球的90倍。如果你像苏联的宇宙飞船金星号（Venera）一样，也派你的宇宙飞船用温度计去测量金星的温度，你会发现金星的温度是470摄氏度，热到可以熔化铅或锡。这个温度比家用烤箱的温度还高。其成因就是温室效应，而温室效应的主要原因就是它那又厚又密的二氧化碳大气（它的大气中有少量的水汽和其他能吸收红外线的气体）。金星证实了增加温室气体的含量会招致恼人的不良后果。这是一个很好的例证，给那些意识形态在作祟的电台脱口秀的主持人展示，这是不是他们所说的“恶作剧玩笑”（他们把温室效应说成是科学家发明的，用来吓唬大众的“恶作剧玩笑”）。

温室气体不减反增

随着世界人口的日益增加，以及我们在科技方面的发展，我们将制造更多吸收红外线的气体，并排放至大气中。虽然有天然的机制会从大气中消除这些气体，但是，人为的破坏速度远大于大自然的自动修复速度，自然也无法扭转劣势。在燃烧化石燃料与毁灭森林的双面夹攻下（树木把二氧化碳从大气中消除，并将其保存到木材中），我们每年排放至大气中的二氧化碳含量高达70亿吨之多。

你可以从下图看出大气中二氧化碳增加的程度。这些数据来自夏威夷莫纳罗亚山顶（Mauna Loa）的大气观测台。夏威夷不是高度工业化的地区，境内的森林也未遭到大规模焚毁（会释放更多的二氧化碳至大气中），探测证实该地大气中二氧化碳的增加是全球各地活动共同造成的结果。别处产生的二氧化碳很轻易地就被全球大气中的气流带到各处——包括夏威夷。你会看到，每年二氧化碳的含量会上下起伏。这是因为每逢夏季，落叶树（阔叶树）的叶子会消除部分大气中的二氧化碳；反之，冬天落叶纷飞，这一净化机能就会暂时停摆。随季节起伏变化的二氧化碳含量，在长期来看有增加的倾向，这是非常明确的。大气中二氧化碳占有的比例已超过0.035%——高于人类出现在地球上后的任何一个时期。由于全球氟氯碳化合物工业的急速增长，二氧化碳的增加也是最快的——每年约5%——由于各国都同意全面淘汰氟氯碳化合物，现在氟氯碳化合物引起的增加量已经逐渐减少。[①] 但其他的温室气体，如甲烷，也在逐渐增加中。其增加原因来自农业及工业的发展。

① 因为氟氯碳化合物既能造成臭氧层的枯竭，又能造成全球变暖，因此人们会混淆这两种截然不同的对环境的影响。

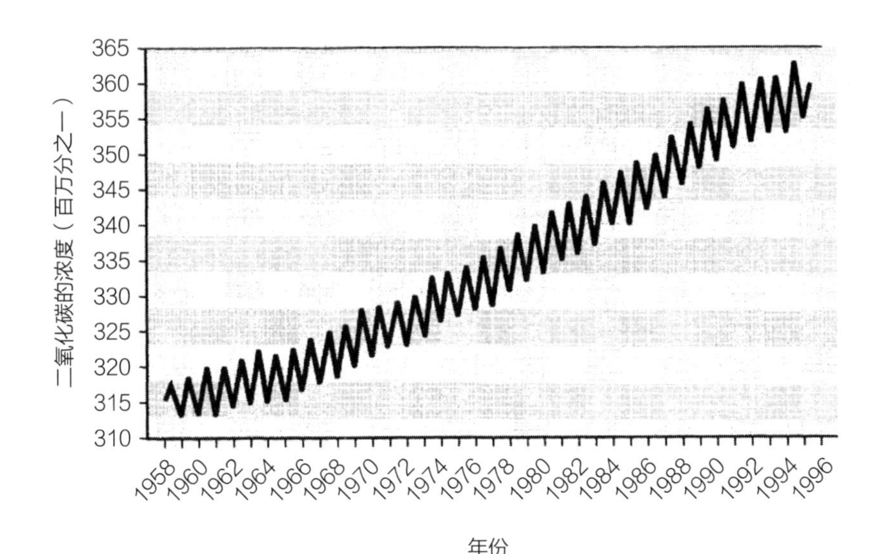

二氧化碳浓度变化曲线

地表温度微幅增加

如果我们现在知道大气中聚集了多少温室气体，也宣称自己了解这些气体在红外线光谱产生的不透明度，我们是否也应该知道如何去计算二氧化碳及其他温室气体在大气中的聚集所造成的过去数十年里地球平均温度的上升？是的，我们能。可是我们要非常小心地计算。我们知道太阳有一个11年的周期，也知道太阳放出的能量在这11年的周期中会有些微小的变化。[①] 我们也知道，火山不时会爆发，喷射出很小的硫酸滴，直达平流层，这些硫酸滴可以增加地球对太阳的反射率，因此稍微降低了地球的温度。按照计算，一次大的火山爆发可以将地球的平均

① 太阳表面有温度较低的小地区，看上去是黑的，叫作黑子（sun spot），中国的甲骨文中就已提到过。黑子中的磁场特别强。黑子数目的变化存在11年的周期。我们现在还不知道为什么太阳会有黑子，也不知道为什么会有11年的周期。

温度降低1摄氏度，持续数年之久。我们还知道，在低层大气中，有来自工业（污染）的小硫酸滴（暂不讨论这些小硫酸滴对我们的健康会造成多大的伤害）。这些小硫酸滴可以把部分阳光反射回太空，因而也使地球冷一些。被风吹起的土壤矿物尘也有同样的功效。如果你把这些效应及其他许多此处未提到的效应都计算在内，而且你的计算又做得丝毫不逊于现今世界上最好的气候学家，你就会得到这样的结论：在20世纪中，由于燃烧化石燃料，地球的平均温度应该上升零点几摄氏度。

当然，你会想把你的计算与事实相比对，看看地球的温度是否真的如计算结果一样增加了，特别是在20世纪末的今天。对于你的验证工作，你要非常谨慎。你一定要采用在远离城市的地方测得的温度，因为城市人口稠密、工业发达、植物稀少，所以温度会比偏远乡村稍高些。你一定要恰当地把不同纬度、不同高度地区和各季节测量到的日夜温度都包括在你的平均值中。你也要注意，在海上测得的温度和在陆地上测得的温度是有差距的。可是，如果你把所有能想到的效应都算进去了，你得到的结果似乎与前述理论相符，但与事实不符。

自20世纪以来，地球的平均温度已经上升了一些，低于1摄氏度。而那些干扰全球气候的因素全都反映在曲线图的起伏变化上。自1860年以来，10个最热的年份都出现在20世纪80年代及20世纪90年代早期——尽管1991年菲律宾皮纳图博火山（Mount Pinatubo）大爆发，降低了全球温度。皮纳图博火山爆发时，一共把2000万~3000万吨的二氧化硫及其他悬浮微粒喷到大气中。这些喷出物环绕整个地球达3个月。爆发后仅2个月左右，这些喷出物就已经遮盖了全球2/5的地区。这是20世纪第二大火山爆发事件〔仅次于1912年美国阿拉斯加卡特麦火山（Mount Katmai）爆发〕。如果我们计算无误，而且不会再有火山爆发，则在20世纪90年代末期，地球温度升高的趋势将卷土重来。它已经发生了：

1995年几乎是有记录以来最暖的一年。

推算过去，预测未来

另一个检视气候学家的计算是否精确的方法就是，请他们推算过去的气候变化。地球曾经历过几个不同的冰河时期。利用现存的冰河遗迹，科学家可以度量过去温度的变迁。① 他们究竟能不能推算（或更精准地“预测”）过去的气候呢？

从格陵兰及南极洲冰盖上挖出的冰柱，我们找到了过去地球极为重要的气候历史。挖出冰柱样品的技术来自石油业，它们利用这项技术勘探石油。也可以说，从事挖掘化石燃料的行业，有助于澄清这类开采作业的危险性。对这些冰柱做了极精密的化学及物理分析后，我们揭开了地球过去的温度及二氧化碳含量的历史，由此证明了温度和二氧化碳有直接的关联——二氧化碳越多，地球的温度也就越高。近几十年来，我们用来了解全球性气候变化趋势的计算机模拟程序也能通过早期温室气体的变化精确地推算出冰河时期的气候变迁（当然，不会有人说，前冰河时期的人类文明也开汽车把大量的温室气体排至大气中。有些二氧化碳含量的变化是自然发生的）。

在过去数十万年中，地球经过了好几个冰河时期。2万年前，整个

① 这听上去很玄，怎么去度量数百万年前的温度？在极北的人烟稀少地方，许多冰面始终人烟未至。这些冰面是每年下的雪堆起来的，因此，如果挖出一条垂直的冰柱，其截面某处的冰就对应过去某年的积雪，通过这种方式回溯历史可至数百万年前，这和树的年轮类似。以前有科学家发现，雨水或雪中氧的同位素含量和它们被阳光蒸发时的气温有关。因此，对这些“化石”冰加以分析，研究人员就可以知道过去的气温。这种测量方法得到的结果是很精确的。

芝加哥城完全埋在1.6千米厚的冰河之下。今天，我们处在两个冰河期中间，这段时期称为“冰河间隙”（interglacial interval）。典型的冰河期和冰河间隙的地球温差只有3~6摄氏度。光是这一点，就应该引起大众的警醒了：几摄氏度的平均温度变化就足以造成很严重的后果。

有了可以正确推算过去温度的本领，我们就可以鉴定气候学家的预测能力。气候学家现在也能尝试去预测如果我们继续燃烧化石燃料大量排放温室气体，未来的地球气候会变成什么模样。不同的科学研究集团——现代的德尔斐神谕——利用计算机模拟并预测后果，如：大气中二氧化碳的含量加倍会怎样（以现在的化石燃料燃烧率推算，到了21世纪末期，是否真的会加倍）。完成这些研究的团队主要包括设在普林斯顿大学的美国国家海洋和大气管理局地球物理流体实验室，附属于美国国家航空航天局的纽约戈达德太空研究所，位于科罗拉多州博尔德（Boulder）的国家大气研究中心，能源部设于加州的劳伦斯利佛摩国家实验室，俄勒冈州立大学，英国的哈德莱天气预报和研究中心，以及德国的普朗克气象研究所等。这些研究单位都一致预测地球平均温度会上升，上升的幅度从1摄氏度到4摄氏度不等。

这些数字比有史以来任何自然发生的气候变化都要大。如果温度上升1摄氏度，工业化国家也许只需稍稍努力挣扎一下，就能适应这种气候的变化。万一是4摄氏度的话，地球的气候图势必将要重新绘制。其后果是，无论贫富与否，各国都将面临一场大灾难。我们几乎已经占据了地球上绝大部分的土地，只剩一些被隔离的小规模原始纯林区及野生动物区还未踏足，而生活其中的动物不可能跟着气候的变更而迁居，生物物种将会加速灭绝，人类及农田的大规模迁移将不可避免。

没有一个研究团队做出预测，说二氧化碳的增加会使地球变冷。也没有人预测地球的温度会上升数十或数百摄氏度。我们有一样古希腊人没有的幸运——我们可以去许多不同的神庙去求神谕，并比较它们。我们得到了类似的答案。这些预测甚至和最早对该问题做研究的结论相符。20世纪的一位诺贝尔奖得主，化学家斯凡特·阿伦尼乌斯（Svante Arrhenius）曾进行类似的研究。他当然没有我们现在拥有的先进方法及仪器（计算机），不知道详尽的红外线吸收二氧化碳的知识，也没有关于地球大气性质的完备知识，可是，他也得到了类似的结果。这些科学家及研究团队，利用物理知识正确地预测了现在地球上的温度，以及在其他行星（如金星）上的温室效应。当然，他们有可能犯了一些简单的错误。可是，我们仍应该以十分严肃的态度思考这些结果一致的预言。

人为活动造成全球变暖

还有更令人忧虑不安的征兆。挪威的研究者指出，自1978年起，北极冰盖的覆盖范围开始减小。南极的沃迪冰架（Wordie Ice Shelf）也在同一时期，大规模地裂开。1995年1月，拉森冰架（Larsen Ice Shelf）一块面积达4200平方千米的冰片自冰层裂开，流入南大洋。地球上各高山的冰河区明显退缩，极端的气候变化正在加剧，海平面继续上升。上述这些现象，单独一件都不能证明它们是人类文明活动造成的。可是，总体来看，这些现象是非常让人担心的。

最近，越来越多的气候专家下了一个结论，他们已经找到证据，显示全球变暖是人为造成的结果。政府间气候变化专门委员会（Intergovernmental Panel on Climate Change）的25 000名各国科学家代表，在做了一次彻底的研究调查之后，于1995年宣布："在权衡过所有的证据后，我们的结论是，的确存在可以辨识的人为力量正影响气候。”美国全球性变化研究计划（U. S. Global Change Research Program Plan）的领导人迈可尔·麦克拉肯（Michael MacCracken）说，虽然这些证据的可信度“尚待查证”，但它们“已变得非信不可了”。美国国家气候数据中心（U. S. National Climatic Data Center）的托马斯·卡尔（Thomas Karl）指出，观察到的地球变暖现象“不可能来自天然的气候变化”，而且“我们的这个结论有90%~95%的可能性是正确的”。

下面是一张概述的图。左端是15万年前，当时，我们只有石斧，能驯服火作为工具，我们已经觉得非常满意了。在遥远的冰河及冰河间隙时期，全球的温度变化很大。从最冷到最暖的温差在5摄氏度左右，这条曲线呈弯曲起伏状。在上个冰河时期的末期，我们已经会使用弓箭、豢养家畜、发展农业文化、定居生活、打造金属武器、建立城市、进行工业革命，最后，我们有了核武器（所有这些都是在曲线的极右端发生的）。然后就到了现在——曲线的尽头处。虚线显示的是，我们身处于

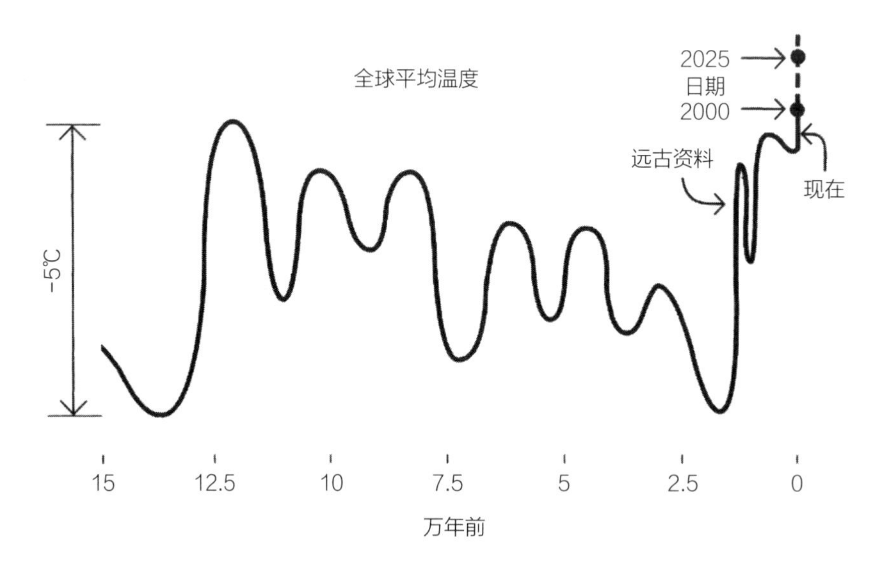

全球平均温度变化曲线

温室效应引起的气温升高的环境里，这也是我们对未来的推测。曲线明显反映出，我们现在的温度（或者是不久就要达到的温度），不仅是自19世纪以来，还是15万年来的最高温。这是另一种衡量我们人类所造成的全球性气候改变的方法，它是史无前例的。

温室效应全面威胁人类生活

全球气温升高本身并不足以造成恶劣的气候，但会增加其发生概率。恶劣气候也不一定都是全球气温升高造成的。可是，所有的计算机模拟程序都证明，伴着全球变暖而来的就是恶劣气候——严重的内陆旱灾、狂风暴雨、海岸附近的洪水，以及极端气候——热的时候很热，冷的时候很冷。而这些都来自一个不甚惊人的地球平均温度的上升。这就是为什么，尽管有些报纸的社论以底特律城的1月特别寒冷，来证明全球没有变暖，但是实际上这并不足以反驳全球气温上升的事实。坏天气可以带来代价极大的后果。以一个美国最近发生的事件为例：美国保险业在1992年的安德鲁（Andrew）飓风之后，理赔了500亿美元，而这只是1992年那场飓风所造成的整体损失中很小的一部分。自然灾祸每年在美国造成的损失约1000亿美元，在全球范围内，损失还要大得多。

气候变化还会影响动物及病原细菌。最近霍乱、疟疾、黄热病、登革热，及汉坦病毒（hantavirus）肺病综合征等疾病的暴发，疑似皆与气候的变化有关。最近，一份医学报告指出，热带及亚热带人口的增加，及携带疟疾病毒的疟蚊数量的激增，将在21世纪末导致每年增加5000万~8000万的病例。除非有所行动，否则这一切都将不可避免。一份1996年的联合国科学报告声称："如果人类卫生的恶化问题来自气候变化，那么我们就没有过去的经验来帮助我们解决问题。对‘等着瞧’（wait-and-see）这个建议的最客气说法是：不明智。而最不客气地说法则是：荒谬愚蠢。”

预测21世纪气候的先决条件是，我们排放温室气体的速率和现在一样，不论少或多。温室气体越多，气温越高。即使排放速率的增加十分有限，温度也会明显升高。可是，这一温度是全球的平均值，有些地方会变得更冷，有些地方会变得更热。科学家也预测大规模地区会日趋干旱。在许多模拟中，都预测世界盛产粮食的地方，如南亚及东南亚、拉丁美洲（南美洲），及撒哈拉沙漠以南的非洲，都会变得酷热而干旱。

有些位于中纬度或高纬度的农作物出口国（如美国、加拿大、澳大利亚）可能会因粮食出口量大增而在初期受益。贫困国家受到的冲击最大。在21世纪，由于此原因及其他原因，世界上的贫富不均现象将戏剧性地扩大。数百万人及其子女将处于饥饿的边缘。一无所有的人，在“要钱没有，要命一条”想法的驱使下，将威胁到富人的生存——就如历史上那些发生的革命一样。

干旱现象造成的全球性农业危机，在2050年左右会开始变得非常严重。有些科学家认为这也是温室效应导致的，2050年全球性大规模农业危机发生的可能性相当低——可能只有10%的概率。可是，我们不作为越久，危机发生的概率也就越大。短期内，有些地区——如加拿大、西伯利亚——可能会变得更好（土壤更适宜耕种），但低纬度地区的状况会更加差。可是等着看吧，只要时间够长，全球的气候就都会变坏。

地球变暖，海平面会升高。21世纪末的时候，海平面可能上升数十厘米。部分原因是海水的热胀冷缩，另一部分原因则是冰河及南北极冰层的融化。没有人知道准确的发生时间，可是按照推算，一旦发生，上面住着许多人的岛屿，如玻利尼西亚（Polynesia）群岛、美拉尼西亚（Melanesia）群岛，及分布在印度洋中的岛屿，最后都将完全被海水淹没，从地球上消失。因此我们可以理解，为什么这些岛民组织了一个小岛国家联盟（Alliance of Small Island States），竭力反对继续增加温室气体的排放。预测也发现，威尼斯、曼谷、亚历山大（Alexandria）、新奥尔良、迈阿密、纽约也会有毁灭性的后果。而对居住在大河下游的人，如密西西比河、长江、黄河、莱茵河、罗纳河、波河、尼罗河、印度河、恒河、尼日尔河、湄公河等，将受到很大影响。单以孟加拉国为例，上升的海平面将迫使数千万的居民转移。环境问题产生的难民将引发一个新的严重问题——比如其他地方的人口增加、环境恶化，以及社会制度越来越无力应付这些快速的变迁等。他们要去哪儿？如果我们毫不理会，仍如往常般生活，地球会一年比一年更暖和；干旱和洪水将成为地方特色；更多的城市都将被海潮淹没——除非我们采取了大胆的全球性应对措施。

正负反馈系统机制

全球变暖的模拟结果不尽相同——如温度的上升程度、干旱的程度、气候变化的程度，及海平面的上升程度等——尤其对这些现象发生时间的预测差异最大，可以相差数十年到一两个世纪。这些后果都是不甚愉快的，而且补救成本高昂。因此，很自然地，有人开始很认真地去研究这些预测是否有误。其中部分研究动机出于对新发现抱持怀疑的态度，这是典型的科学怀疑论者心态；其他则是从受影响产业的利益角度出发的。其中一个关键问题就是反馈。

在全球气候系统中，有正反馈及负反馈。正反馈是极其危险的一种。以下是正反馈的一个例子：假设温室效应使地球温度升高，从而使一些覆盖在南北极的冰层融化了。因为冰的反光率大于水，所以冰块的融化会使地球看上去更暗些，地球吸收了更多阳光，从而变得更热，然后导致南北极的冰融化得更多——这一连串步骤如此循环不停，可能导致影响不可收拾地扩大下去。这是一种正反馈。另外一个正反馈的例子是，大气中的二氧化碳增加了，使地球及海水都变暖了一些。海水变暖，就多蒸发一些水分，使空气中的水汽含量增加。水汽也是一种温室气体，因此它使得太阳照射在地球上的能量留下得多了点，地球温度因而增加，然后蒸发更多的水……地球变得更暖……如此循环。

还有负反馈，负反馈是协助系统稳定的一个方法。以下是一个例子：把二氧化碳释放到空气中，由此地球变暖，如前所述，地球变暖会多蒸发一些水，因此空气中的水汽增加，水汽增加了，就会产生更多的云层；可是明亮的云层会反射阳光，因此云层增加也就增加了反射回太空的阳光，结果温度升高反而使地球变冷了。另外一个可能是：多排放一些二氧化碳至大气中后，因为植物性喜更多的二氧化碳，因此成长更快，长得越快就会吸收更多的二氧化碳——因而减缓了温室效应。负反馈就是全球气候的自动调温器。如果我们够幸运，负反馈的效能足够强，也许温室效应会自我限制，如此一来，我们就可以愉快地聆听卡珊德拉的预言，而不必担心会遭遇忽视神谕的恶果。

问题是，在权衡过这些正负反馈的轻重之后，我们会得到什么结果？答案是，没有人有确定答案。我们可以先去推算过去冰河时期全球变暖及冷却的程度与温室气体增减量，以得到一些数据。我们拿着这些数据，就可以调整计算机模拟参数，使得计算结果和观测的结果一样。换句话说，我们用过去的地球温度历史来调整模拟方法，这样就可以把全球气候系统中已知的和未知的正、负反馈效应都包括在内了。可是，地球在过去20万年中，温度变化超出我们的认知范围，因而有我们完全不知道的、新的负反馈过程对温度做了调整。一个例子是，大部分大气中的甲烷来自沼泽中分解的植物（有时晚上在沼泽中可以看见美丽的诡异跳动的蓝色火焰，俗称“鬼火”，就是因为这些沼气的燃烧）。这些沼气本身也是一种温室气体，可以使地球变暖，形成另一种正反馈机制。

在哥伦比亚大学任教的华莱士·布洛克（Wallace Broecker）指出，在公元前1万年左右，也就是农业发明之前，地球气候突然变暖。他认为温度骤升表明了海洋和大气这个联合系统有一种不稳定性：如果此时你用力把这系统朝某一方向推去，在越过某一门槛后，整个系统就会“砰”的一声，转移到另一个稳定态去。他还指出，我们正处于这种不稳定状态中，犹如乘坐跷跷板上下晃动。这种不稳性只会使事情恶化，也许会更糟。

无论如何，气候变化越快，任何协助系统稳定的过程要把系统恢复成原来的稳定态就越困难。我很想知道，与这些愉悦的反馈相比，我们是否并非如此厌恶这些令人不快的反馈，欲去之而后快。我们尚未聪明到能够预测每一件事。我不认为，我们全体的无知能把我们从危险中拯救出来。也有可能平安无事，但我们是否愿意用我们的生命来做赌注？

科技文明之恶

从科学会议中，我们就可以看出环境问题的重要性及迫切性了。举例来说：美国地球物理学会（American Geophysical Union）是最大的地球科学学术组织。在最近的年会（1993）中，有一个小组会议专门讨论地球历史上曾经出现过的暖化时期，以了解全球变暖的后果。第一篇论文做了以下的警告："因为未来的变暖趋势会很快，所以过去没有类似的例子可以作为21世纪温室效应增强的参考。"该小组一连4场、每场为期半日的会议，专门讨论臭氧层的问题，3场半日会议专门讨论云层对气候的反馈效应，另3场半日会议较广泛地讨论了对过去气候的研究。任职于美国国家海洋和大气管理局的马尔门（J. D. Mahlman），在演讲一开始就开宗明义地说："完全没有人预测到，在20世纪80年代的南极上空会出现极大规模的臭氧层破坏。"俄亥俄州立大学拜尔德南北极研究所（Byrd Polar Research Center）的一位研究员在他的一篇论文中指出，分析了中国西部及秘鲁高山冰河中挖出的冰柱，并比较了过去500年的地球温度后，可以证明最近地球的确变暖了。

如果你知道科学家多么喜欢争论科学的研究成果，就会注意到，在这次会议中，没有一篇论文提出臭氧层枯竭及全球性的温度上升是欺瞒或行骗之举。也没有人提出，南极上空一直都有一个臭氧层的大洞，或者，如果二氧化碳在大气中的含量加倍后，全球温度上升的数字会比过去报告的1~4摄氏度小很多。如果全球温度增加的幅度真的远小于这些数字，许多有钱有势的工业企业及个人都将受惠良多。可是一如各科学会议的讨论所暗示的，这愿望大概是无法实现了

我们的科技文明现在已经成为自己的陷阱。在世界各处，化石燃料已经危害到呼吸系统的健康、树林的生机，以及湖泊、海岸线、大洋和全球气候。当然，我们可以很肯定地说，没有一个人是故意去做这些坏事的。化石燃料工业的领导人只想替他们自己及他们的股东赚钱，提供一个大众都需要的产品，以支持国家的军事及经济力量。这是无意造成的后果，出发点原本是好的，我们这些住在发达国家中的

人大都从中受益过，许多国家及许多世代的人都曾经在无意中把问题搞得更糟，因此现在大可不必互相推诿。今天的局面并非某个国家或某代人独力造成的，也没有一国或个人可以把我们从这种局面中拉出来。如果我们要防止气候继续恶化到最坏的局面，唯一的办法是，我们全体长期地共同合作。最主要的障碍当然是，我们的惰性及我们对改变的抗拒。庞大的、全球性的、相互联系的工业、经济及政治机构，都已经从化石燃料中获益，要它们立即转向，当然会引发阻力。在美国，越来越多的证据显示，未来将出现严重的全球变暖现象，而政治上的相对作为似乎在减少。

第十二章
从埋伏中逃出

简言之，没有人会畏惧一个盲目乐观者……只有那些杞人忧天者才会感到恐惧……不相信这些话的人，当他们（或他们自以为）成功或得志的时候，就会变得侮慢，藐视一切，做事也会不顾一切……可是，一旦他们感受到世界无常的身心痛苦时，就有一线出逃的希望。

亚里士多德（Aristotle）

摘自《修辞》（*Rhetoric*, 1382b29）

我们该怎么办？因为我们今日放出的二氧化碳会在大气中停留数十年，即使我们在科技应用方面极力自制，也要经过1个世纪才会见效。虽然有方法可以更快地减少某些温室气体，但无论是过渡性缓和温室效应的短期解决方案，还是长期的解决方法，都是必需的。我们应区分清楚两者，不可混淆。看来我们必须尽快引进一种新的全球性能源经济，这种新的能源不会产生这么多的温室气体及其他污染物。可是，即使“尽快”，也要数十年才能完成，而在此期间我们不仅要继续减小对环境的损害，也要注意在过渡时期中尽量减小对世界政治、经济及社会等构成的错综网络的破坏，同时也不能因此降低生活水平。关键问题是我们要控制危机，还是听任危机的摆布。

因循苟且自毁长城

根据1995年的盖洛普民意测验，差不多每3个美国人中就有2个自称是环境保护主义者，认为环保优先于经济增长。而且如果可以保证额外增加的税收专用在环保上面，大多数人都愿意接受增加税赋。可是截至目前，恐怕无法做到这点，因为既得利益工业集团的势力强大，而消费者的反抗力很薄弱，所有行业会一直墨守成规，不会做重大的改变，或者等到危机临头再做改变。可是届时一切都太迟了。也许从化石燃料经济转换到非化石燃料经济，会使原来就脆弱的世界经济雪上加霜，造成经济上的混乱。所以，我们应当小心谨慎地做出选择。人类有一种因循迁延的倾向：这是一个我们至今仍然陌生的领域，我们是不是该慢慢做出改变？可是，如果我们看一眼推算气候变化的地图，就知道我们不能毫无作为了，缓慢进行是无谋之策。

最大的二氧化碳产生者是美国。其次是俄罗斯及其他从苏联独立出来的共和国。再次是全体发展中国家。这是一个很重要的事实：这不是一个高度工业化国家的问题——从刀耕火种式[①] 的农业、烧柴等行动中，发展

① 指的是许多发展中国家烧毁原有植物（通常是森林），清出土地作为农地。这种刀耕火种式的农业在巴西热带林中最盛行。

中国家也对全球变暖有重要影响。发展中国家有全球最高的人口增长率。即使它们不能达到像日本、太平洋沿岸国家，及西方国家一般的生活水平，但它们在环境方面的影响力只会有增无减。我要再次强调，一如全球变暖是全球造成的一样，任何解决方法都必须是全球性的。

为解决核心问题，我们必须做出改变，改变规模之大令人惊诧——特别是对那些决策者而言，因为他们只关心任期内对自己有益的事。如果改善方案可以做成2年、4年、6年起效的计划，那么也许会获得政客们更多的关心，因为在他们任期届满重选之际，这些计划的成就对他们而言是有益的。可是如果等10年、40年、60年才能见到计划成果，那么他们早已不在位，或已经去世。这些计划对他们来说，缺乏政治上的吸引力。

温室效应警告：燃烧煤、石油和天然气可能危害全球环境

当然，我们不能像克里萨斯一样，时机尚未成熟就匆忙行事，结果付出了惨痛的代价，做些不该做的事，或愚蠢的事，或危险的事。可是更不负责任的做法是，完全无视大难临头，并天真地幻想，问题会自行解决。我们能不能找到一条中庸之道，既能应付这问题，又不会自毁长城——例如，一个效果奇佳的负反馈之类的解危方法——万一我们高估了问题的严重性呢？

假设你正在设计一座桥或一座摩天高楼。工业上的习惯及要求是，把建筑强化到能承受得起想象中最严重的灾难。为什么？因为一座桥或摩天高楼崩塌的后果是极为严重的，你必须十分确定它不会垮掉，你需要有非常可靠的保证。我想应当把同样的做法应用在地方性、区域性，及全球性的环境问题上。我刚说过，在改变环境的问题上存在很大的阻力，部分原因就是政府和工业界都要付出巨大的金钱和其他代价。这也是为什么我们会看到越来越多的人试图证明全球的暖化危机是危言耸听，不足采信。可是，强化桥梁和摩天高楼一样要花钱，但人们认为这些成本是建筑费用中必要的一部分。想在这里省钱、偷工减料，或疏忽这些问题的设计师及建筑商，会因他们不愿在不可测的意外事件上花钱，而被人们视为轻率的资本家。我们把他们看成罪犯。我们有建筑法，来保证桥梁及摩天高楼不会轻易倒塌。因此，我们在对付这些很可能发生的更严重环境问题上，是否也应该有同样的法律及道义上的约束呢？

拒绝“等着瞧”

我现在要提出些比较实际的建议，以应对气候的变迁。虽然这些建议并非毫无争议，但是我相信它们代表了许多专家的一致看法。这些建议只是一个开端，一个过渡时期缓和问题的方法，而且这些建议都是根据问题的严重性而提出的。要把全球温度降低到某一程度，例如1960年的程度，是件更困难的工作。从另一方面来说，这些建议是很保守的——不论有没有全球变暖这回事，都有许多极好的理由将其付诸实行。

如果有一个系统化的方法，如从太空中、飞机上、船只上和地面上，利用许多不同的探测器或系统去监测太阳、大气、云层、陆地及海洋，我们应该可以减少全球变暖是否进一步恶化的不确定性，还可以确定气候的反馈回路，观察地区性的污染模式及其后果，追踪森林的成长及死枯，监测南北极圈的冰盖、山上冰河及海平面的变化情况，检测臭氧层的化学性质，观测火山灰的扩散和其对气候的影响，细察有多少太阳光照到地面及其变化。我们现在拥有有史以来最强大的利器用来研究和保护全球的环境。许多国家都将送出宇宙飞船执行这项任务，现在最先进的工具是美国国家航空航天局的“地球观测系统”（Earth Observing System），它是国家航空航天局“地球任务”中的一部分，由机器人负责操作。

温室气体进入大气后，地球的气候系统并不会立刻产生反应。似乎要到1个世纪后才会显现2/3的效应。因此，如果我们现在立刻停止释放二氧化碳及其他温室气体，到21世纪末，温室效应仍会使地球的温度继续升高。这是一个很有力的理由，让我们拒绝以“等着瞧”的态度去面对问题——这种态度很可能是极为危险的。

提高汽车燃油效率

1973—1979年，发生了一次石油危机。为了减少消费，我们增加石油税、开始制造小型汽车、限制车速。现在石油过剩，于是我们降低石油税、制造大型汽车、放宽车速限制。我们没看到任何蛛丝马迹显示这些措施有何长期益处。

要防止温室效应恶化，全球一定要把化石燃料的消耗量减半。目前，当我们不得不用化石燃料时，我们可以设法提高化石燃料的使用效率。美国人口只占世界人口的5%，可是消耗了全球25%的能源。汽车排放了全美1/3的二氧化碳。每年，你的汽车放出的二氧化碳总重超过你汽车本身的重量。显然，如果我们可以提升汽车效率（提升每升燃料的可行驶距离），我们就能少排放一些二氧化碳。几乎所有的专家都同意，汽车使用燃油的效率可以大幅提高。为什么我们——自称是环保主义者——对每升燃料只可行8千米感到满意？如果我们的汽车燃油效率可达每升16千米，我们排放至大气中的二氧化碳就可减半，如果燃油效率可达每升32千米，二氧化碳的产生量就可减少到1/4。这就是典型的短期获利和长期缓和环境破坏之间的矛盾。

没有人要买燃油效率高的汽车，这是底特律过去的一贯说辞。燃油效率高的汽车将更小、更危险、加速不够（虽然它们确实可以跑得比公路的限制时速要快），以及更昂贵。20世纪90年代中期的一个事实是，美国人开始购买耗油量极大的汽车——部分原因是汽油便宜。因此，美国汽车工业反对限制燃油效率，并间接反对做出任何有意义的改变。例如，在1990年，参议院（以极少票之差）否决了一个大幅提升美国制汽车燃油效率的方案。在1995—1996年，许多州开始放宽已经立法确认的最低燃油效率的标准。

可是，我们有方法把小型车造得更安全些——例如使一种新的减震器、可以承受撞击的弹性元件，以及在所有座位上安装安全气囊。撇开那些因睾丸激素分泌旺盛而极富侵略性的年轻男子不谈，和提升燃油效率的益处相比，我们超速行驶节省的几秒钟时间，能为我们带来什么好处？也有燃油效率已达到或超过每升20千米的汽车在公路上疾速奔驰。这些车也许会比较昂贵，可是能节省使用的燃油。按照美国政府的估计，因提高燃油效率而增加的费用在3年内就可以收回。至于无人购买的说法，显然低估了美国人的智商及他们对环保问题的关心程度，而且我们可以用广告的宣传力量去促进一个有价值目标的实现。

为了保障驾驶人及乘客的生命安全，我们立法定下时速限制、要求考驾照，并制定许多对驾驶人的限制。一般认为汽车具有高度危险性，因此政府有责任限制和管理它们的制造、保养维修及操作。如果我们了解全球变暖的严重性，我们更应采取相同的措施。我们从全球的文明中获益，是不是也应该对我们的行为稍做修正以维护全球的文明？

设计出一种新的、安全的、快速的、使用干净的高效率燃油，及减少温室气体排放的汽车，可以促进许多新科技的发明，为高科技界带来庞大商机。美国汽车工业的危机是，如果他们持续延长反对的时间，外国的竞争者就会捷足先登，先发展出（也先得到专利）必需的科技。底特律有一种“自私”的动机去发展新的减少温室气体排放的汽车——它自己本身的生存问题。这不涉及意识形态或政治意识。我认为这种“自私”的意图是温室效应产生的一种后果。

汽车工业态度软化

底特律三大汽车制造商——被政府逼迫，也接受了政府的钱——虽不情不愿，可仍在共同合作，尝试研发一辆燃油效率为每升可行驶

32千米的汽车，或者使用其他燃料但具同等效率的汽车。提高汽油税，会为汽车制造商带来更大的压力，以促使其研发燃油效率更高的汽车。

最近一些公司的态度有了改变。通用汽车（General Motors）在研发一种电动汽车。“你一定要把企业的环保方针与企业相结合，”公司事务副总经理，丹尼斯·米南诺（Dennis Minano）在1996年说道，“美国大企业公司开始明白，此举确实有利于企业……现在市场的消费者越来越机智及富于知识。当你主动出击，采取相应的环保措施，并采取配套的商业行为得到一些收获时，人们会据此来评估你。他们说：‘我们不会称呼你为环保英雄，但我们会说你售卖的是低污染商品，或者有一个很好的再生循环计划。我们还会说你对环境是有责任心的。’”这些话至少让人耳目一新，不会觉得是陈词滥调。我还在等通用汽车制造出每升燃油可行驶32千米的汽车，并且人人买得起。

电动汽车是什么？你只要给它接通电源，把电池充好电，它就可以开动了。最好的电动汽车，车身是用人工合成的材料打造的，每次充电后可行驶数百千米，并通过了撞毁测试。如果它们要有益于环保，则不能用铅酸电池（即普通汽车用来启动的那种电池），而要改用其他替代品，因为铅是一种有毒的化学物。当然要给汽车充电，这电一定来自某处。如果使用靠燃煤发电的火力发电厂供电，则将无助于减轻城市或公路上的污染，因为没有解决全球的温室效应的任何问题。

其他的化石燃料相关行业，也可以引进相同的改善措施：提高燃煤电厂的效率，将大型旋转机械设计成适应各式速度的产品，用日光灯代替白炽灯。在许多方面，新的构想可以为我们带来长期的费用节省，帮助我们摆脱对进口燃油的过分依赖。除了全球变暖问题，我们还有不少其他理由去提高燃油的效率。

安全性：核电厂的首要考虑

长期来看，单是提高化石燃料的利用效率仍嫌不够。随着时间流逝，世界人口会不断增加，能量需求也会不断增加。我们能找到化石燃料的替代品吗？能找到一种新的能产生能量而不会产生温室气体的方法吗？有一种方法是大家都知道的——核裂变。核裂变时产生的能量不像储藏在化石燃料中的化学能，而是物质核心的核能。目前，还没有核能推动的飞机及汽车，不过已经有核能推动的船了，当然，也有核能发电厂。在理想的情形下，核能发电的成本和燃煤或石油发电厂的相当，而且这些电厂丝毫不会放出任何温室气体，一点都没有。但……

就如三里岛（Three Miles Island）和切尔诺贝利（Chernobyl）核电站的教训所提醒我们的，核电站可以放出极危险的辐射性物质，或者自熔[①]。它们制造出有待妥善处理的具长期辐射性的“毒药”。“长期”的意思是真正的长期：许多放射性同位素的半衰期（见第二章）达数世纪到数千年之久。如果我们要把废料都埋在地下，一定要很确定这些辐射性物质不会外泄，渗透到地下水中去，或在其他方面出其不意地袭击我们。而且不仅只是一段时间不会外泄，还要考虑远超我们过去所能把握的时间，否则我们无异于向我们的后代宣称，这些辐射物是我们留给他们的“遗产”，是他们的责任，是他们要谨防的危险，究其原因，是我们不能找到一个更安全的方法来产生能量（实际上，这正是我们使用化石燃料正在做

① 自熔（melt down）是一种理论上推导出的核反应堆的可能事故模式。核反应堆中有许多的铀或镨柱，利用链式核反应（见第二章）产生能量，控制反应的方法是将极强的中子吸收柱（通常用金属镉，cadmium）抽入抽出到反应稳定为止。如果一旦出事，吸收柱被毁，整个核反应核心就会熔化成液体，不再受吸收柱控制，因为所发出的能量很高，可以把所有混凝土、土壤、岩石在掉下的途中都熔化，最终落向地心。这种事从未发生过，只存在理论上的可能性。切诺贝利核电站的事故是最接近自熔现象的一次事故。

的事）。还有一个问题：大多数的核电站都在使用或产生可以用来制造核武器的铀或镨。这引起了流氓恶棍级的国家及恐怖分子集团的兴趣。

如果这些操作上的安全问题、辐射物质的处理方法及核武器的误用等问题得到解决，核电站很可能就是替代化石燃料的方法——或是一个重要的过渡技术，直到我们能找出另一个解决方法为止。可是，对这些问题我们并无信心十足的解决方法，也不能预计这些问题何时可以获得解决。核工业不断违反行业安全标准，美国原子能管理委员会（U.S. Nuclear Regulatory Commission）也经常有意掩饰违规行为，这都无益于巩固大众信心。

因为大众普遍对核能感到不安，美国在1973年后建造新核电站的所有订单都被取消了，自1978年后就未再见到任何新的核电站订单。所有新的核废料储存法和建造埋藏核废料地区的建议，都被当地社区居民否决了。可是“毒药”仍持续不断地累积着。

核聚变发展前途未卜

有另一种核能——不是来自原子分裂放出的能量，而是来自核聚变的。这是合成原子核时放出的能量。理论上来说，海水可作为核聚变反应的燃料，而且其供应量几乎是无限的。[①] 理论上，这种反应器不放出

① 核聚变（fusion）的原理是，把氢的同位素氘^{2}H（原子数为 2 ），和氢的另一种同位素氚^{3}H（原子数为 3 ），在高温下聚合，反应为：$^{2}H + ^{3}H \rightarrow ^{4}He + n +$ 能量。[4]（He是普通的氦，n是一个中子）海水的氘的含量约在0.1%，因此说，海水可以当作燃料。可是，要这反应进行，要用到的1亿摄氏度左右的高温。没有一种材料可以承受这么高的温度。以前想用强磁场把氘和氚的离子限制在磁场中。可是，这种磁场存在很严重的稳定性问题，现在用的方法结合了许多物理方法，包括磁场在内。研究计划已进行了40余年，耗资不少于数百亿美元，最近才做到本书讲到的结果。如果要进行商业化，其放出的能量要远高于输入能量的100倍以上，因此要付诸实用还早得很。

任何的温室气体，没有核废料的问题，也完全和铀或镨这类物质无关。可是，“理论上”不算数。我们现在有一个迫切的需要。在付出了大量心血，并在高科技技术的帮助下，现在我们才勉强实现可以称为第一步的核聚变反应，即从核聚变中放出的能量稍多于供应核聚变反应器工作的能量。而获得这一成就用到了极大、极昂贵的极高度科技系统。对核聚变反应产能器的期待，可以说还是一种假想。连核聚变最热心的拥护者也承认，他们无法想象这种反应器可能在未来几十年中商业化。我们没有几十年的时间了。而且，早期的这类反应器可能也会产生出超乎我们想象的核废料。不管怎样，很难想象，这类反应器可以解决发展中国家的能源问题。

我上面说到的是热核聚变——这名字很形象：你要把这些燃料的温度提升到百万摄氏度以上或更高，几乎要到太阳中心的温度，反应才会进行。1989年，有科学家声称发现了所谓的冷核聚变。此类反应器简单到可以在你的桌上进行：把一些氢的同位素氘和氚放在金属钯中，通过一些电流，就可以放出比通电的能量更多的能量，他们还说测到了中子。如果这项发现确实属实，可能就是解决地球变暖的理想答案了。世界上许多的研究集团都在研究这项发现。如果这项发现能被证实，当然，它的回报是不可想象的。但全世界物理学家的多数意见是，这种冷核聚变仅是一种幻象、一个测量及实验错误拼成的大杂烩，没有妥善控制的实验流程，同时把化学反应同核反应混淆在一起。可是，各国仍有几位科学家始终不放弃，继续埋头研究是否真有冷核聚变的可能——比如日本政府还在小规模支持这项实验。我们应该独立评估这方面的任何新发现，而非一同否决。

也许有些目前根本无法预料到的精妙科技即将来临，为我们提供明日的能源，以前就有过此类意外发现。可是，我们不能鲁莽地将赌注下在这种可能上。

有不少理由认为，发展中国家特别容易受到全球变暖之害。它们不易适应新气候、不易栽种新种的谷物、森林不易再生、无法建造海堤、很难抵御旱灾及应付洪水。同时，它们对化石燃料的依赖性也特别高。中国拥有世界上第二大的煤储藏量，他们为什么不使用煤呢？如果日本、西欧国家、美国都派遣使者去北京，要求中国限制燃烧煤及石油，中国难道就不会指出，这些国家在他们工业化的过程中，也没有限制燃烧煤及石油〔无论如何，1992年在巴西里约城召开的全球气候变化大会上（Framework Convention on Climate Change），150个国家都签约了，同意由发达国家支付发展中国家因限制排放温室气体而产生的费用〕？发展中国家需要一个便宜的、技术要求不高的产能技术来替代化石燃料。

核能不会产生温室效应，但会带来其他危险

发展支持太阳能科技

这样说来，不能用化石燃料、核裂变、核聚变，也没有新的世外能源，怎么办？美国在卡特总统时代，白宫屋顶上安装了一个能把太阳能转换成热能的转换器。水就在转换器中循环，有太阳的日子，阳光就会加热水。这样的“热水法”可以为白宫供应一些能源——也许占总供应量的20%之多——甚至用作总统淋浴的热水呢！越多利用太阳能，就可以节约越多电厂发的电，因此，在波托马克河（Potomac River）附近的电厂就可以少燃烧些煤或油来发电。太阳能转换器虽然不能供应所有能源的需求，碰上阴天也不中用，可是它为我们带来了一个充满希望的象征，告诉我们所需为何。

而里根总统时代的“德政”之一就是下令将此转换器拆掉。这是意识形态上的一种侮辱。不仅要再花些钱来装修白宫的屋顶，也要多花些钱支付电费。可是发布这些命令的人认为，这些费用是值得的。值得些什么？对谁是值得的？

在同一时期内，联邦政府又大幅缩减研究石油及燃煤替代品能源的经费，幅度高达90%。在里根—布什总统任内，政府对石油及核工业的补贴（包括大幅减免税额）仍旧很高。我认为海湾战争的费用也应当列入这些补贴名单。虽然在这段时期，替代能源研究这方面有些进展——可以稍微感谢美国政府对这些进展的贡献——实质上，我们损失了12年的时间。由于温室气体在大气中聚集之快，及其影响时间之长，我们没有多少12年可以损失。政府对替代能源的支持终于增加了，可是增加得很吝啬。我还在等一位在白宫屋顶上再装一个太阳能热转换器的总统。

20世纪70年代末，美国联邦政府曾颁布了一条安装太阳能加热器后可减少联邦税的立法。即使在长年阴霾多云的地区，个人屋主也能享受此减税条例，而且在利用加热器供给的热水时，也不必付费给电力或煤气公司。安装这些设备的费用在5年内就全部回收了。但里根政权取消了这条立法。

还有许多更精良的替代能源科技。意大利、美国的爱达荷州，以及新西兰用地热发电。加州的阿尔塔曼特山口（Altamont Pass）利用7500台风力发动的涡轮发电，并将之卖给太平洋煤气电力公司（Pacific Gas and Electric Company）。密歇根州的特拉弗斯城（Traverse City）的消费者，为了避免化石燃料电厂带来的污染，愿意支付更昂贵的使用风力涡轮发电的电费。还有不少其他地区的居民等着参加风力发电计划。在环境成本许可下，现在风力发电较燃煤发电更便宜。据估计，全美风力最强的前10%的地区，借风力涡轮发电机可供应全美所需电力。这些风力最强的地区大多为牧场或农业用地。从绿色植物中提炼出的燃料〔叫作“生物质转换”（biomass conversion）〕也可能用来替代石油。这种替代石油来自植物，这些植物吸收了大气中的二氧化碳，然后再被燃烧，因此不会增加大气中温室气体含量。

可是，在多方考量下，我认为，我们应当发展及支持直接或间接转换太阳照射的能量。阳光是用之不竭的能源，而且涵盖地区广泛（我居住的纽约州北部是例外，那里几乎长年被云雾笼罩）。它所需的设备元件十分简单，保养维修也很少。而且太阳能既不会产生温室气体，也不会产生核废料。

一个使用太阳能的技术是水力发电。太阳光的热能使水蒸发，水变成雨落在高原区，雨水沿河顺流而下，进入水坝，水坝则带动一个旋转的机械发电。可是在我们的行星上只有这么多的急流，且在许多国家中，水力资源尚不足以供应其能源需求。

太阳能可转换成电力，是一个安全、前景良好的全球能源困境解决方案

太阳能汽车也可以进行长距离行驶。太阳能可以用水生产氢气燃料，而燃烧氢气，就会得到水。广布于世界的沙漠，只要符合环保要求，都可能用来收集太阳能。数十年来，利用太阳电池（光电池）将光变成的电能用来供应附近及太阳系内宇宙飞船的用电已非罕见。其原理

是光子射到光电池的表面后，释放出电子，它们不断累积就形成了电流。这一技术不仅实用，也是现阶段技术可以达成的。

太阳能物美价廉

可是，何时太阳能发电或太阳生热的技术才能便宜到可以替代化石燃料，以供应家庭及办公室用电呢？根据目前的估计，包括美国能源部的预测，在21世纪的前10年里，太阳能技术可以追上化石燃料。情况似乎很快就可以改变。

其实，情况远比我们想象中的好。我们的会计师在计算所有费用时会有两本账簿，一本是给大众看的，另一本是真正的。现在，石油的价格是每桶20美元。现在，美国派军队保护外国的油源，同时拨大笔金额援助一些国家，其目的都是一样，石油。为什么我们不把这些费用都算进石油的成本呢？我们之所以忍受石油外漏到海面上的意外事件（例如埃克森·瓦尔迪兹号的油船事故）对生态环境造成严重破坏，原因就是我们在使用石油。为什么不把这些意外的代价算入石油的成本？如果我们将这些额外费用都包括进去，石油的真正价格大概在80美元一桶。如果我们再把因为使用石油而造成的局部或全球性环境破坏都计算进去，真正的石油价格就可能跃升为数百美元一桶。如果算入为了保护石油而启动战争的账，例如海湾战争，则石油的成本将更高了，而且还不仅限于金钱。

把所有该算进去的账都算入后，我们就可以看出，在许多方面，太阳能（及风能或其他可以再生能源）比煤、石油或天然气便宜许多。美国及其他发达国家应该开始进行大规模投资，以改良提升这方面的科技，并安装大型的太阳能转换器。可是整个能源部在这方面的科技研究预算，只和一两架驻防在国外、专门用来保护石油来源的战斗机的成本相当。

现在用于提高化石燃料的效率或寻找替代能源的投资，要在许多年后才能收回成本，开始获利。可是如我先前所提及的，资本家、消费者及政治家，通常都把眼光集中在当下和眼前的问题上。与此同时，那些率先使用太阳能的美国公司都相继被国外公司并购。即使美国最大的太阳能发电厂，位于南加州莫哈韦沙漠（Mojave Desert）的爱迪生厂，它的发电量也只有数千万瓦。因此，全世界的电厂都避免在风力涡轮及太阳能发电厂的设备上投资。

虽然如此，还是有些鼓舞人心的现象出现。美国制的小型太阳能发电用品开始进入全球市场了（最大的三家公司中，前两家由德国及日本掌控，第三家则是美国的化石燃料公司）。中国西藏的牧民用太阳电池板收集太阳能为电灯和收音机供电；索马里的医生把太阳电池板安装在骆驼身上，在横渡沙漠的旅程中，靠其发出的电力冷却疫苗；在印度，5万间小屋正在改装，以便装上太阳电池板满足家庭供电的需要。发展中国家的中下阶级也能买得起这些设备，它们也几乎不需要保养，由此看出，这些在乡村盛行的太阳电力系统，市场潜力将十分惊人。

政府不能置身事外

我们能，也应该做得更好。联邦政府当大方允诺协助提高这方面的技术，并提供激励机制鼓励科学家和发明家投身此冷门研究。“能源独立”这句话会响彻云霄，原因就是它能为那些对环境极具危险性的核电站，或沿海钻油行动辩护——然而，为什么鲜少有人支持增加屋子的热绝缘（有助于少用些能量），或者发展效率更高的汽车，或者发展风力能或太阳能的应用呢？这类科技大都可以在发展中国家应用，这不仅可以提升他们的生活水平，也不会让他们再犯工业国家在环境方面的错误。如果美国希望在某一新兴的基础工业上占据领导地位，这就是一个即将起飞的工业。

也许在一个自由市场经济中，这些替代化石燃料的方法都可以迅速发展。另一个方法是，各国也许可以考虑征收少许化石燃料税，用来发展替代能源的科技。自1991年起，英国开始针对购买使用化石燃料的人征收“非化石燃料义务税”，税额是定价的11%。美国一旦开始实施，每年就可以增加数十亿美元的税收。可是克林顿总统在1993—1996年间，连每加仑（约3.8升）征收5美分的石油税都无法说服国会立法通过。也许未来的政府会做得更好。

我衷心期盼这些事项都能成真，太阳能发电、风力发电、生物质转换及氢燃料等技术，都能被快速引进，而在此期间，我们也可以大幅提升我们使用化石燃料的效率。没有人说要完全废除化石燃料。某些需要大量能源的工业——如炼钢铁熔炉厂及制铝业——就不太可能以太阳能或风能代替传统的化石燃料。可是，如果我们对化石燃料的依赖能减少一半或更多，就已经很了不起了。目前还不可能研发出一项崭新的科技，可以赶上全球变暖的速度。很可能在21世纪的某个时刻，新的技术会出现——便宜、干净、不产生温室气体，哪怕世界上收入低的小国也能负担得起。

种树消除二氧化碳

可是，是否有方法把二氧化碳从大气中消除以消除我们已造成的损害？唯一可以减少温室效应的安全、可靠方法就是种树。成长中的树木可以消除大气中的二氧化碳。但如果待其完全长成后，就烧了它们，就失去了种树的原意。这样一烧，就把之前清除的二氧化碳又送回大气中了。我们应该做的是，不断栽种新树，让森林生生不息，而当这些树长成后，把它们砍下用在建筑上或做成家具或把它们埋在地下。可是如此一来，要增加的林区面积势必很大，大约和全美面积一样大。只有全人类携手合作，才能做到这点。

然而现在人类做的是，每秒钟毁灭约4000平方米的森林。人人都能种树——个人、国家、工业，等等，尤其是工业界。弗吉尼亚州阿林顿城的应用能源服务公司（Applied Energy Service）建造了一座燃煤的火力发电厂，同时也在危地马拉种树，而且这些树可以消除的二氧化碳量远高于新厂在营运期间释放至大气中的量。工业是不是应当种植比它们砍下的更多的树呢？而且种植易生长、多叶的树种以缓和温室效应。是不是任何一家产生二氧化碳的公司也应向此看齐，消除大气中的二氧化碳呢？是不是每一个公民都要种树？有没有想到在圣诞前后的假期间种些树呢？或者在生日、婚礼、结婚周年日种树？我们的祖先从树上下来，自然对树有种亲切感。对我们而言，多种树绝对是一种再恰当不过的行为了。

政府与民间企业的觉醒

我们系统地把太古代生物的遗体从地下掘出烧掉，为我们招致了危险。提升燃料效率；投资替代能源科技（如生物质转换、风能及太阳能）；使形成现在烧的化石燃料的古老生物遗体再生——种树，我们就可以缓和这种危险。这些行动会产生一些附带的好处：清洁空气；延缓热带林物种的灭绝；减少或消除石油在海上外溢的危险；创造新科技、制造工作机会，以及新的获利机会；在能源上不依赖外国；不必送我们的儿女去冒险；把军事预算转用在有益的民间用途上。

虽然化石燃料工业继续忽视温室效应，但保险业已经转向认真看待全球温室效应。全球变暖引起的暴风雨、洪水、干旱，等等，可能导致“保险业破产”，一位保险协会的主席如此说。1996年5月，保险业集团联合支持研究，美国有史以来10个最严重的暴风雨中的6个都发生在前10年的事实，是不是全球变暖导致的。德国及瑞士的保险公司已经展开游说行动，要求减少温室气体的产生。小岛国家联盟已经要求工业国家降低温室气体的产生率，至2005年，温室气体的产生比1990年的减少20%。（1990—1995年，全球的二氧化碳产生率又增加了12%）

“全球变暖是一件严重的事。它可能威胁动摇人类生命的基础。”这是日本宣布它要在2000年前，稳定其温室气体的产生率时的宣言。瑞典宣布在2010年前要把核电厂减半，同时要把二氧化碳产生率降低30%——其方法是提高效率和引进可再生的能源，希望这样做可以省钱。英国的环保部部长约翰·塞尔温·古莫（John Selwyn Gummer）于1996年宣布：“我们是世界的一部分，我们接受世界的法规。”但还是有巨大阻力横亘在前。石油输出组织（OPEC）国家宣称反对降低二氧化碳的产生率，因为这会降低它们输出石油的收入。俄罗斯和许多发展中国家也反对，因为这样做会严重阻碍它们工业化的进程。美国是唯一不采取任何有意义行动的工业大国。当其他国家行动时，它只指派了相关委员会，并要求受影响的产业自愿放弃短期利润，采取适当行动。自愿去做当然比执行《蒙特利尔议定书》禁用氟氯碳化物事项及其条例更难实施。因为受影响的企业大都是财力雄厚的权贵企业，加上改变的成本十分巨大，且在全球变暖方面，也没有出现像南极臭氧层上方的空洞之类戏剧性的变化。此时，就需要公民来“教育”产业及政府。

命运共同体

没有头脑的二氧化碳分子不会了解深奥的国家主权的概念。它们只随风走。在某处产生的二氧化碳可以被吹到任何地方。我们的行星是一个命运共同体。不论在意识形态上或文化上有多大的不同，世界各国一定要共同携手合作；否则无法解决温室效应及其他全球性环境问题。我们都住在同一个温室中。

1993年4月，克林顿总统终于做了布什总统不肯做的事，承诺美国加入150个国家签字的1992年巴西里约热内卢地球峰会的协定。美国特别承诺将于2000年将其二氧化碳及其他温室气体的产生率降低到1990年的标准（虽然该年的产生率也很糟糕，但这至少是迈出正确的一步）。要做到这项承诺不是件容易的事。美国也承诺了要采取行动以保护不同生态环境中的各物种。

我们不能不顾安全，没头没脑地继续发展科技，却全然忽略了科技带来的后果。我们绝对有能力引导科技发展走向，使每个地球人都能从中受益。也许这些全球性的环境问题，促成了我们的成长，不管我们愿不愿意，这些问题迫使我们思索一项新课题——人类种族的安危远甚于任何一个国家或公司的利益。当沉重的压力排山倒海而来时，我们人类会变成一个能随机应变想出应对之道的物种。我们知道该做些什么。除非人类比我想象的要笨，否则从这些环境问题的危机中，应会出现一种国家和世代间的团结，甚至会带领我们离开这段人类童稚无知的幼稚期。

第十三章

宗教和科学的联盟

大概在第一天，我们还用手指指着我们自己的国家。在第三或第四天时，我们指向各大洲。到第五天的时候，我们看到一个地球。

苏尔坦·萨尔曼·阿勒沙特王子

（Sultan Bin Salmon Al-Saud）

沙特阿拉伯航天员

从一开始，智慧及制作工具就是我们的生存优势。我们利用这些天赋弥补我们先天的不足——跑不快、不能飞、没毒液、不能挖地洞，等等——这些都是其他动物与生俱来的本能，而我们却不具备这些本领。自我们能驯服火及打磨精巧的石器以来，我们就明白这些技能可以用在好的方面，也可以用在坏的方面。可是直到最近我们才知道，即使我们将我们的智慧及制造和应用工具的能力运用在良善的用途上，我们也会陷入危险的处境中，因为我们还不足以预知所有的后果。

现在世界上任何地方都有人类的足迹。我们在南极洲设立基地，潜进海洋的深处。我们一共有60亿之众，每隔10年，全球人口暴增的数字，相当于中国总人口数。我们已征服了人类之外的所有兽类（虽然我们尚未完全征服微生物）。我们驯服了许多的生物，使其听命于我们。以某些标准来看，我们变成了主宰地球的物种。

几乎我们的每一步，都强调地区性甚于全球性，强调目前利益甚于未来长期利益。我们毁灭森林、冲蚀表土、改变大气成分、破坏保护我们的臭氧层、改变气候、污染大气和河流海洋湖泊，使贫困的人从这些日益恶化的环境中承受最多的苦难。我们变成这个生物球中的掠夺者——目空一切，自私地认为一切应该都是属于我们的，一直只拿不给。现在，我们让我们自己及其他和我们共同居住在此行星上的生物，都陷入危险的境地。

科学与宗教必须负责

我们不能把全球环境恶化的责任一味地推诿给渴望赚钱的实业家或短视的贪婪政客。许许多多的人都要为此错误负责。

科学界要负起主要的责任。科学家中有许多人根本不关心我们的发明造成的长期后果。我们轻率地把具高度毁灭性的发明成果卖给出价最高的人或我们居住国的官员们。在许多例子中，我们缺乏一个道德伦理。套用笛卡尔的话来说，从一开始哲学和科学就一直热衷于“把我们变成自然界的主宰及所有者”。弗朗西斯·培根也曾说，用科学驯服自然界的一切，以“服务人类”。培根说的是“人要使用他拥有自然界的权利”。亚里士多德写道：“大自然为了人类创造出所有的动物。”伊曼努尔·康德强调：“如果没有人，创造出的世界就只是一片荒野，无用之物。”不久前，我们还常常听到“征服自然”及“征服太空”这些字眼——好像自然和宇宙都是该被击败的敌人似的。

宗教界也要负起主要的责任。西方的教义认为，人要屈服于上帝，自然界的一切都要听命于人。特别在现在这个时代，我们似乎更致力于实现第二点。在这个可触摸的真实世界里，如果只看我们做的而不去听我们说的冠冕堂皇的话，许多人似乎都渴望成为造物者——人们只是偶尔按他们的社会习俗，向最流行的神祇或上帝象征性地弯腰。例如，上述的笛卡尔和培根都是受宗教影响极深的人。“对抗自然界”是我们的宗教留给我们的祖传意识。《圣经·创世纪》中记载，上帝让人类成为“万物的主宰”，也“恐惧、害怕”一切巨兽，从而驱策人类去“征服”自然。《圣经》原文是希伯来文。《圣经·创世纪》中英文征服（subdue）译自希伯来文中一个极富军事行动意义的单词。《圣经》中还有许多类似的句子，存在于中古世纪基督教传统中——孕育现代科学的摇篮。

当然，科学和宗教都是错综复杂的多层次结构，包含了许多不同的，甚至互相矛盾的意见。科学家首先发现并是首先提醒世界要注意环境危机。也有科学家因为拒绝参与可能伤害人类的发明工作而付出极大的代价。宗教也最先提出尊重生物的声明。西方的宗教及科学都已偏离了他们原来的宗旨，断言自然界不过是布景，他们把自然界的神圣性贬抑到可以亵渎的程度。尽管如此，还是有一个明显的宗教上的反对意见：自然界是上帝的创造品。除了给予人类“荣耀”和对人类有用之外，自然界还有其他目的，因此应该也有被尊重及保护的权利。特别是最近，出现了一个令人沉痛的隐喻——管理员，认为人类是地球的管理员，把人放置在这里的目的是对“地主”（即上帝）负责。

当然，没有这个“管理员”，在过去40亿年中，地球上的生物也活得好好的。三叶虫和恐龙在地球上生存的时间都超过1亿年。它们如果有知，听到一个在地球上出现的时间不过是其历史千分之一的物种，竟自命为地球上所有生物的管理员，一定会觉得可笑至极。这个自大的物种就是让自己陷于危机的元凶。而需要人类管理员，是为了保护地球不为人类自己所侵害。

科学与宗教扩大彼此视野

科学和宗教无论是在方法还是在特征上皆有天壤之别。宗教经常叫我们毫无疑问地去相信，即使（特别是）没有任何确凿的证据。这就是信仰的核心意义。而科学叫我们不要轻信，要对我们自欺的倾向持谨慎小心的态度。科学把有深度的怀疑视为最重要的美德。宗教常常认为这种怀疑态度就是觉悟的最大障碍。因此，几个世纪以来，这两个领域之间存在不少冲突和矛盾——科学上的新发现向宗教教义发起挑战，宗教则尝试着不去理会或压制这些令他们不安的发现。

可是时代改变了。现在有许多宗教已接受地球绕日旋转、地球年龄是46亿年、生物进化等概念，以及其他科学上的新发现。教皇约翰·保罗二世（John Paul II）说过：“科学能把宗教从错误及迷信中拯救出来；宗教可以把科学从偶像崇拜和绝对错误中拯救出来。每一方都可以引领另一方到一个更宽广的世界，一个双方都能互惠的世界……要鼓励及培养这种互相沟通的桥梁。”

没有任何一个问题比目前的环境危机更清楚地摆在我们面前了。不论是谁要负起责任，如果不了解这危机的危险性和产生机制，以及长期缺乏对地球及其他物种福祉的热爱，就无法从危机中逃出——这种了解及热爱与宗教及科学的中心思想无关。

全球宗教及议会领袖齐聚一堂

我有幸参与了一个极不寻常的系列性世界集会：这个行星上的宗教领袖、来自许多国家的科学家及立法议员聚集在一起，试图去应付处于急速恶化中的世界环境危机。

将近100个国家的代表参加了这次“全球宗教及议会领袖论坛”（Global Forum of Spiritual and Parliamentary Leaders）。会议分别于1988年4月和1990年1月在英国牛津和莫斯科召开。我站在一张从外太空拍下的巨幅地球相片前，发觉我眼前是一片穿着各式种族服装的各国代表，他们构筑了我们这个物种的万种面貌：特雷莎修女、维也纳的红衣主教、坎特伯利大主教、罗马尼亚及英国的犹太教牧师长、叙利亚的大穆夫提、莫斯科的大主教、奥内达加（Onondaga，美国印第安人之一族）族的长老、多戈圣林（Sacred Forest of Togo，美国印第安人之一族）的大祭司、穿了华丽白袍的耆那教僧侣、头戴包头巾的锡克教教徒、印度教僧侣、神道教的僧侣、亚美尼亚教会总主教、斯德哥尔摩及哈拉雷的主教、东正教的大主教、易洛魁（Iroquois，美国印第安人之一族）联盟的六族首领——陪伴他们的有联合国秘书长、挪威首相、肯亚女性再植林运动的创办人、世界观察研究所主席、联合国儿童基金会领袖、人口问题基金会领袖、联合国教科文组织（UNESCO）的领袖、苏联环保部部长，以及来自10多个国家的议员（包括美国众议院的参议员，及一位尚未上任的副总统）。会议的召集人是前联合国官员松村昭男（Akio Matsumura）。

我记得有1300位代表在克里姆林宫的圣乔治堂聆听戈尔巴乔夫发表演讲。一位吠陀教（印度教之别称）僧侣主持了开幕式，该教代表世界上最古老的宗教传统之一，他邀请所有与会者诵念“Om”这个圣字。据我所知，当时苏联的外交部部长爱德华·谢瓦尔德纳泽（Eduard Shevardnadze）也跟着念了，可是戈尔巴乔夫没有。（一个硕大无比，手向外伸的乳白色列宁石像就在附近）

当天是星期五，夕阳西沉之际，10位犹太代表就在克里姆林宫举行了他们的宗教仪式。这是第一次在克里姆林宫举行犹太教仪式。我记得叙利亚的大穆夫提语惊四座，因为他强调，在伊斯兰教中“生育控制是为了全球福祉，而不是让一个国家损害另一个国家的利益”的重要性。许多人引用美国原住民印第安人的一句话：“我们并没有从我们的祖先那里继承地球，我们是从我们的子孙那里借来的。”

会议中再三强调的一个中心议题就是：全体人类的联结关系。我们听了一则非宗教性寓言，要我们想象人类这物种只由100户家庭组成，其中65户是文盲，90户不讲英文，70户家中没有可饮用的自来水，80户家中没有一个人乘过飞机。其中7户拥有60%的土地，并消耗了80%的可用能源，他们有种种奢侈的享受，而大气、气候，及酷热的阳光越来越糟。在此情况下，我们的共同责任是什么？

宗教团体积极回应

在莫斯科会议期间，一份由许多知名科学家署名的呼吁信，被传给了世界宗教领袖们。得到的回应让人惊异，几乎得到全面支持。会议结束时，产生了一项行动计划，其中包括了下面几句话：

> 这次的集会不仅是一个聚会，也是某一进程中的一步，我们已不可能从此进程中退出了。因此，现在就让我们回到各自的国土上去，誓言奉献己身，积极投身参与这一进程，没有比担任使者传达需要改变我们的态度及行为更重要的事了，因为这些态度及行为已经把我们的世界推到危险的边缘上。

许多国家的宗教领袖已经开始行动了。美国的天主教会议、圣公会、基督联合教会、基督教福音派、犹太教区的领袖们，及其他许多团体都已经开始展开大规模行动。其中一项是，成立了宗教和科学联合环境呼吁组织（Joint Appeal of Science and Religion for the Environment），作为此过程的推动组织。圣约翰大教堂的枢机主教长詹姆斯・帕克斯・莫顿（James Parks Morton）和我共同担任主席。当时还是参议员的副总统戈尔在促成此事上扮演了关键角色。1991年6月在纽约召开的一项试探性会议，科学家及美国的主流宗教领袖们共聚一堂。会议期间，许多共识逐渐明朗：

> 有不少人劝诱我们不要相信或撇开全球环境的危机，甚至拒绝承认人类必须做出根本的改变来应对问题。可是我们这些宗教领袖，接受了来自天启的责任，矢志要使我们接触到的、启发过的、教导过的数以百万计人们，知道这项挑战的全部面貌，以及如何应对问题。
>
> 我们愿意成为有备而来的参与者，参与这些问题的讨论，并提供在道德伦理上建立国家级及世界级的对策的意见。我们在这里宣布，一定要在下列事项中采取行动：加速淘汰破坏臭氧层的化学物；更有效率地应用化石燃料及发展

> 非化石燃料的能源经济；保存热带森林及采取行动保护生物界的多样性；团结致力于使男女双方都享有权利以减缓世界人口的激增；鼓励经济独立；在绝对自愿的前提下，让自愿者都能参与家庭教育计划。
>
> 我们相信，在各大不同宗教的传统下，最高宗教领袖们已经取得了一个共识，即有信仰的人们一定要将保护环境视为最优先事项。要应对这问题，我们一定要跨过宗教及政治的分界线，使宗教生活得以再生和合一。

上述文字第二段的最后几句话，对参会的天主教代表来说，是极为苦恼的妥协表现，因为天主教非但反对描述避孕的方法，连“生育控制”这几个字都是不能说出口的。

环保与信仰结合

1993年，宗教和科学联合环境呼吁组织演变成全国宗教环境联盟（The National Religious Partnership for the Environment），结合了天主教、犹太教、主流的基督教新教、东正教、历史上重要的黑人教会，及基督教福音派等宗教组织。该联盟的科学办事处负责准备材料，供这些参与团体使用。该联盟已经展现出很大的影响力。许多以前没有国家级环保计划的宗教组织，现在纷纷宣称“完全投入这项运动”。环保教育及行动手册已经送达10万个以上的宗教教堂，这些教堂代表了数千万的美国教友。已有数千名圣职人员及“居士”领袖已经参加过地区级的培训，登记在案的教堂环保自发运动也有数千个。联盟的成员同时也对州级及国家级的立法者说明环保的重要性，并向传播媒体做简报，主持公开演讲，也在教堂的布道中提及相关内容。随便举个例子来说，1996年1月，福音派教会环保网（Evangelical Environmental Network）——福音派基督徒团体组成的一个全国宗教环境联盟子组织——就游说国会支持《保护濒临绝种生物法案》（*Endangered Species Act*，这个立法本身岌岌可危）。如何游说呢？一位发言人说，传教士不是“科学家”，可是他们可以从神学理论中“找出理由来”：保护濒临绝种生物的立法可以看成一种“现代版的诺亚方舟”。看来全国宗教环境联盟的基本信条“保护环境一定要成为信仰生活的基本中心”已被广泛采用接纳。联盟还有一个重要的自发运动尚未展开，就是去接触那些居住在教区的居民，尤其是会影响环境的重要产业的高级主管。我非常希望去尝试这一做法。

现在的全世界环境危机尚未酿成大灾祸。可是，和其他的危机一样，这种危机可以催生以往没有过的甚至见证想象不到的合作、才智和承诺的力量。科学和宗教可能在地球的形成理念上有不同的见解，可是我们都同意，保护地球值得我们付出大量的精力和爱。

呼吁

以下是1990年1月，科学家送交给宗教领袖的一篇文章，标题是《保全及爱护地球：一份寻求科学和宗教共同承诺的呼吁》。

> 地球是我们物种的出生地，就目前所知，它是我们唯一的家。当我们人数还少，科技能力也不发达的时候，我们无力去

影响我们世界的环境。可是今日，突然地，在几乎没有人注意到的情况下，我们的人数暴增，我们的科技变得威力十足，甚至让人惧怕。无论是有意或无意，我们现在已有能力去破坏环境，改变环境——而这个环境是我们与其他生物共同拥有的，是我们极为战战兢兢才完全适应了的。

我们自己造成的环境急遽改变，现在已威胁到我们。然而我们对其所造成的生物及生态方面的长期后果，还是非常无知——保护生物的臭氧层被破坏；一次在过去15万年来从未有过的全球性变暖；每秒销毁约4000平方米的森林；生物接连灭绝；能使全球多数人口遭殃的全球性核战争的威胁。还有许多其他类似的危险，但我们因为漠视，至今还不知道它们的存在。这些危险，无论对个体或整体而言，已经变成一种人类落入的陷阱，而这陷阱正是我们自己设下的。不论这些危险的起因有多么高尚（或者可以说是多么短视，多么天真），它们个别或全体都已经使我们及其他物种处于危险中。我们已经快要犯下——有人认为我们已经犯下了——用宗教的语言来说，“对创世的罪行”了。

可是，这不是任何一个政治集团或世代犯下的。就这些危险的本质而言，它们的形成是超国家、超世代、超意识形态的。因此，这也适用于所有我们能想得到的解决之道。要从这些陷阱中逃出，我们需要一种能站在全地球人类和未来世代的立场出发的见解。

这样大的问题及其解决方法，必须具备宽广的视野。从一开始，我们就必须认识到要解决问题，一定要兼具宗教和科学的观点。我们知道我们的共同职责，科学家——其中有许多已经同环境危机奋战多年——焦急地向世界的宗教团体紧急呼吁，寻求他们承诺，要大胆、勇敢地参与保护地球环境的安全。

有缓和这些危险的短期解决方法，如提高燃料效率、迅速禁止氟氯碳化合物的制造及应用、适度地减少核武器数量——这些方法是比较容易的，在某种程度上来说，已经在进行了。可是，其他影响范围更大、更长期，也更有效的决策会遇到广泛的阻力，如惰性、否认和抗拒等。这些长期的决策是：从化石燃料的能源经济转换到不会产生污染的能源经济，继续进行逆向核武器竞赛，自发地停止人口增长——不停止人口增长，其他保护环境方面的努力都将徒劳无功。

在和平、人权、社会公平等方面，宗教团体始终是一股强大的力量。在这个问题上，宗教也可以发挥它的强大力量，鼓励国家与国际社会在私人和公共部门，以及在商业、教育、文化和大众传播等方面，主动出击。

要解决环境危机问题不仅公共政策要做根本的改变，个人的行为也必须做彻底改变。历史记录证明宗教训诲、楷模及领导的力量，强大到可以影响个人的行为及承诺。

身为科学家，我们当中有许多人都有这样的经验：在面对浩瀚宇宙时，心中会不自主地生出一股敬畏之情。越了解被人们视为神圣的事物，越可能受到人们的喜爱及尊敬。因此，我们要把保护及珍爱环境也引入神圣的视野中。同时，还需要对科学和科技有更深刻及更广泛的了解。如果我们不了解问题，我们就无法解决它。因此，宗教和科学在此都将扮演极为重要的角色。

我们知道各委员会及教会，对我们行星环境的安危已经有深刻的关心。我们希望这份呼吁可以激发大家同舟共济的精神，共同携手保护地球的安危。

来自83个国家的数百位宗教领袖签了名，包括37位国家级及世界级的宗教团体领袖，以回应这份科学家对环保的呼吁。这些领袖包括，世界穆斯林联盟及世界基督协会的秘书长、世界犹太协会副主席、亚美尼亚教会的大主教和叙利亚大穆夫提。美国路德会、卫理公会、门诺派教会的代表，以及来自世界各大城市的50位红衣主教、总主教、犹太教牧师长、教长、伊斯兰教毛拉等等都参与了这次活动。他们说：这份呼吁的精神感动了我们。它的内容在向我们挑战，也在邀请我们合作。我们同意它说的急迫性。在科学与宗教的关系中，这个邀请标记了一个独一无二的时代和机会。

许多宗教界的人士都在密切关注，如这份呼吁中所说的，不断增加的关于我们行星的安危受到威胁的报告。科学家把这些危机的证据拿给我们看。在这件事上，科学家替人类做了一件好事。我们鼓励他们继续进行这些小心谨慎的研究。我们对人类的安危状态所做的讨论及宣言，一定要考虑到这些研究的结果。

我们相信对环境危机的关怀包含于宗教中。所有宗教信仰及教诲都很坚定地教导我们要尊重及爱护自然的世界。可是由于人类长期以来的行为，这个神圣的教导已被侵害了，并且十分危急。要扭转人类长期对环境的忽略及剥削，宗教的回应是必需的。

基于这些理由，我们赞同科学家的呼吁，我们热切地寻找一个具体的、明确的合作及行动的形式。地球呼唤我们走向新的合作。

第三部

感情与理智的冲突

第十四章
公敌

我不是悲观者。在我看来，能感知到邪恶的存在，就是一种乐观。

罗伯托·罗塞里尼（Roberto Rossellini）

只有一种物种有这样的威力，能在短暂的一个世纪中，改变世界的性质。

蕾切尔·卡森（Rachel Carson）

摘自《寂静的春天》（*Silent Spring*，1962年）

绪论

1988年，我得到了一个极为难得的机会。我受邀撰写一篇文章，讨论美国和苏联的关系。这篇文章会在两国最大的周刊上同时发表。当时，戈尔巴乔夫正在摸索如何给苏联人民自由发言的权利。同时，里根政府也开始慢慢改变其在“冷战”中的尖锐态度。我觉得这篇文章也许能做出一点贡献。尤其是，在一场当时才召开不久的“巨头会议”中，里根在发表谈话时曾说过，如果有一群外星人入侵地球，使地球陷于危境之中，美国和苏联也许可以更顺利地进行合作。似乎就是这句话给了我写作这篇文章的灵感。我打算“煽动”两国的群众，因此要求双方保证绝对不会检查篡改我的文章。美国的《行列》（*Parade*）周刊总编辑沃尔特·安德森（Walter Anderson）及苏联的《火花》（*Ogonyok*）周刊的编辑维塔利·科罗第（Vitaly Korotich）都立即同意了。这篇文章的标题是《公敌》（*The Common Enemy*），1988年2月刊登在《行列》周刊，于同年3月18日刊载于《火花》周刊。我因此在1989年获得了纽约大学颁发的“橄榄叶奖”（和平的象征）。

《行列》周刊全文刊登了文章中会引起争论的问题，未做任何删减润饰。在文章的前面，主编写了如下引言：

> 以下这篇文章将同时在苏联最畅销的《火花》周刊上刊登，本文探讨的是我们两国之间的关系。因为作者挑战了两国各自历史上流行的观点，所以两国的公民也许会对卡尔·萨根的说法感到不太舒服，甚至感到愤怒。《行列》的编者希望这篇被美国及苏联读者读到的文章，是走向作者所描述的目标的第一步。

可是即使在1988年的解体过程中，事情也没有这么简单。科罗第奇买了一只装在袋中的猪[①]。当他看到我对苏联历史及政策的严厉批判

① pig in a poke，美国俚语，即未经仔细查看而购买的东西，或表示盲目赞同。

时，他觉得应当向更高一级请求指示。《火花》的这篇文章似乎是由格奥尔基·阿尔巴托夫（Georgi Arbatov）博士最后审核的，他是当时附属于苏联科学院（Soviet Academy of Sciences）的美国和加拿大研究学院的院长。他也是共产党中央委员会的委员，而且是和戈尔巴乔夫很亲近的顾问。我和他有几次私人谈话的机会，彼此讨论一些政治上的议题。在谈话过程中，我很惊讶于他的坦诚及公允。我当然很高兴看到我的文章中有不少文字未被改动，可是我也注意到了某些被更改的地方。看哪些地方被更改了，由此观察哪些思想被他们视为会对一位普通的苏联公民产生不好的影响，这也是一种收获。因此在本文末尾，我列出了最有价值的更改处。

《公敌》正文

美国总统向苏联总理说过，如果有外星人入侵地球，两国就会联合起来对付这个公敌。的确，历史上有许多类似实例。几个世代以来互相以刀兵相见的死敌，为了共同对付一个更为紧急的威胁，可以抛开他们之间敌对的原因：希腊各城邦联合起来对付波斯人、俄罗斯人，美国和苏联也曾共同对付过纳粹。

当然，外星人入侵是不太可能的事。但我们确实有一个公敌——事实上，是有一大串的公敌，其中有些是历史上从未有过的威胁，每一种威胁都是我们这个时代独有的。这些公敌来自我们日增的科技威力，以及我们不愿为了我们物种的长期安全而放弃短期的利益。

即使是燃烧煤炭及其他化石燃料这类本无恶意的人类活动，也增加了造成温室效应的二氧化碳含量，使地球温度升高了。按照某些估计，这样的温度上升可能在1个世纪内，使美国的中西部及苏联乌克兰区——现在的全球谷仓——变成类似荒野的沙漠。冰箱中的冷媒，是不起反应的惰性化合物，看上去似乎不具任何破坏力，可是它会破坏保护我们的臭氧层，增加照到地面上的致命紫外线的强度，导致大量未被保护的微生物灭绝。这些微生物处在我们不甚了解的食物链的最底层——食物链的最上层生物就是摇摇欲坠的我们。美国的工业污染毁灭了加拿大的森林。苏联核反应堆的失事也会危及拉普兰人的古代文化。由于现代化的交通工具，可怕的传染病在全世界传播。不可避免的是，因为我们经常犯错，且只注意短期利益，未来还会发生许多我们尚未发现的危机。

美国及苏联争做核武器竞赛的先锋，使我们这颗行星处于拥有6000万枚核弹的危险陷阱中——这些核武器的数量足以毁灭双方，让全球各种文明都处于危险中，甚至可以终结已有百万年历史的人类物种，或许还绰绰有余。尽管有为了和平而发出的愤怒抗议，及严肃的限武条例试图阻止双方的核武器竞赛，但美国和苏联还是有办法再制造出大量的新核武器，足以摧毁这颗行星上的每一座大城市。如果询问这么做的理由，一方就理直气壮地把手指向另一方。挑战者号失事及切尔诺贝利核电站泄漏后的余波①提醒我们，尽管我们做了最大的努力，仍无法遏止高科技导致的灾难性意外事故的发生。20世纪出现的希特勒，使我们认识到疯子也能在民主国家中获得绝对的统治权。高科技导致的灾难性意外事件的发生，只是时间上的问题，灾难发生的原因可能是：机器中有一些

① 挑战者（Challenger）是一艘美国航天飞机，在1986年的发射中失事，在佛罗里达上空爆炸，全体航天员殉职。美国的太空计划因而受了很大的影响，两年后，负责发射及设计的机构经过大规模的改组后，才重新开始。切尔诺贝利核电站在20世纪80年代末期发生事故，该事故被认为是历史上最严重的核电事故，也是首例被国际核事件分级表评为第七级事件的特大事故。事故发生后有31人当场死亡，200多人受到严重的放射性辐射，之后15年内有6万~8万人死亡，13.4万人遭受各种程度的辐射疾病折磨，方圆30千米地区的11.5万多民众被迫疏散。

无法预测到的隐性错误，或紧要关头时的通信错误，或深受工作困扰的领导存在情绪方面的问题。为进行互相恐吓及战争的准备，人类每年总计投入1万亿美元（大部分是美国和苏联投入的）。这样想想，或许恶毒的外星人并没有侵略地球的打算；也许他们经初步调查后，会认为最有利的策略是耐心地等候一下，等我们毁灭掉自己。

我们身处危险中。不需要外星人入侵，我们自己已经制造了够多的危险。可是它们都是不可见的危险，似乎距离我们的日常生活十分遥远，要很仔细地思考后才能明白。这些危险牵涉透明的气体、不可见的辐射，还有几乎没有人真正见过的核武器——而不是一支故意来烧杀抢掠的外国军队。我们很难明确这些公敌的形象。比起历史上的公敌如古波斯王（Shahanshah）、希特勒等屠杀者，我们更难去恨这些公敌。要联合起来抵御这些新敌，我们必须鼓起勇气努力去了解自己，因为我们自己——所有在地球上的国家，特别是美国和苏联——必须为我们面临的危机负责。

我们两国都是由多种文化及民族交融而成的。在军事上，我们是地球上最强的两个国家。我们都赞成用科学和技术来提高我们的生活水平。我们共享一个明确的信念，即人民有自治的权利。我们的政府都诞生于历史上的革命，它们推翻了不义、专治、无能及迷信的暴政。革命家达成了似乎不可能完成的伟业，建立了我们的国家。现在，要怎样做才能把我们从自己挖掘的陷阱中拯救出来？

美国和苏联各有一张长长的清单，上面列出使一方深感不满的，另一方所做的不义之事——有些是幻想出来的，但绝大部分是事实，只是真实程度的大小不同。每次一方滥用了威权，另一方就一定会做出一些类似的事作为回应。两个国家都被伤害了自尊心，并有自我认可的道义正直。每一方都对另一方的错误知之甚详，连最小的错误也不放过，可对自己犯的错误及造成的痛苦则熟视无睹。当然，每一方都有善良诚实的人民，他们看出自己国家政策将造成的危险——这些人都能从基本的道义及寻求生存的观点出发，渴望纠正这些错误。可是每一方也有被他们国家恶意宣传所毒化的、被恐惧所征服的、怀有憎恨之心的人，认为对方是无可救药的、专门挑衅的恶人。双方的这些强硬派互相刺激对方采取更强硬的立场。他们的威信及权力来自另一方的强硬派。他们彼此纠结，陷入致命的相互拥抱。

如果没有人或外星人能把我们从这种致命的互相拥抱中解救出来，那么不论多么痛苦，我们都只剩自救一途。我们应该用对方的眼光来审视历史的事实——或者让后人来审视，前提是还有后人。首先，我们假想有一位苏联的观察家正在思索美国的历史。号称以自由人权为建立基础的美国，是世界上最后一个废除奴隶制度的国家。许多开国元勋，比如乔治·华盛顿、托马斯·杰斐逊，都拥有奴隶。即使在奴隶制度被废除后的1个世纪内，种族歧视仍受到法律的保障。美国有意地不遵守和原住民（印第安人）订的300多项条约，这些条约是为保障这些居民的某些权利。西奥多·罗斯福（Theodore Roosevelt）总统于即位前两年，在一次广获好评的演说中，还公开拥护“正义的战争”是唯一实现“国家强大”的方法。美国在1918年入侵苏联，想要推翻布尔什维克革命，却遭失败。美国发明了核武器（原子弹），也是第一个用它来对付平民的国家。在苏联拥有核武器之前，美国就制定了用核武器彻底摧毁苏联的军事方针。里根政府以极为震怒的口吻警告盟国，不得贩卖军火给伊朗，可是美国却在暗地里贩卖。美国在民主的招牌下向全球各地进行半掩蔽的战争，却不赞成对一个南非国家执行经济禁运[1]的制裁，在这

① 当时南非极度主张种族分离的政权还没有下台。

个南非国家中大多数的居民都没有政治上的权利。美国对伊朗在波斯湾布雷大为震怒，可是自己在尼加拉瓜的港口布雷，甚至逃避了世界法庭的裁决。美国斥责利比亚滥杀孩童，可是美国也采取了报复杀死了孩童。[①] 美国指责苏联对其少数民族不公，可是在美国，进监牢的年轻黑人人数比在大学中读书的还要多。这并非苏联的恶意宣传。即使是关注美国的普通人，也对这些事感到不安，更何况，美国人还不愿意承认他们历史中那些让他们感到不舒服的事迹。

现在，想象有一位西方观察家正在思索苏联的历史。米哈伊尔·图哈切夫斯基（Marshal Tukhachevsky）元帅在1920年7月2日下达进军命令："利用你们的刺刀，我们要为苦难中的人民带来和平与快乐。向西方进军！"

"一个欺压其他国家的国家，称不上自由的国家。"弗雷德里希·恩格斯（Friedrich Engels）如此写道。1903年在伦敦召开的会议中，列宁主张"所有国家有完全自决的权利"。美国总统伍德罗·威尔逊（Woodrow Wilson）和许多政治家用几乎同样的语言表达了同样的宗旨。可是对这两个国家而言，它们做的却是另外一回事。苏联动用武力强行吞并拉脱维亚、立陶宛、爱沙尼亚、芬兰的一部分、波兰，以及罗马尼亚；占领统治了波兰、匈牙利、蒙古、保加利亚、捷克、民主德国和阿富汗；镇压了1953年的工人叛乱、1956年的匈牙利革命，及干涉了1968年捷克的开放（Glasnost）和改革（perestroika）运动。[②] 除了世界大战、阻止海盗行为和贩卖奴隶以外，美国前前后后一共参与了大小130次战

① 1988年，泛美103号航班被利比亚政府派人放炸弹炸毁，死了不少人，其中有许多孩童。作为报复，美国派飞机去炸利比亚，也死了不少人，其中也有孩童。

② Glasnost和perestroika是俄文，意思是开放及改革之意。作者提起这两个字是因为戈尔巴乔夫在提倡苏联实行开放改革的时候用的也是这两个字。

役[①]，包括同中国（18次），墨西哥（13次），尼加拉瓜和巴拿马（各9次），洪都拉斯（7次），哥伦比亚和土耳其（各6次），多米尼加共和国、韩国和日本（各5次），阿根廷、古巴、海地、夏威夷和萨摩亚国（各4次），乌拉圭和斐济（各3次），危地马拉、黎巴嫩、苏联和苏门答腊（各2次），格林那达、波多黎各、巴西、智利、摩洛哥、埃及、科特迪瓦、叙利亚、伊拉克、秘鲁、菲律宾、柬埔寨、老挝和越南（各1次）。大多数战役都是为了保护美国人的产业和商业利益而进行的小型战役，也有些是规模较大的、更持久的，死伤也更多的战争。

美国的军队干涉拉丁美洲各国的行为，不仅开始于布尔什维克革命之前，还远在马克思等人写下著名的《共产主义宣言》（*Communist Manifesto*）之前——如果美国的借口是反共，这借口有些令人难以置信，毕竟干涉尼加拉瓜发生于这宣言写下之前。如果苏联没有吞并其他国家的习惯，那么这个借口的破绽就更明显。美国对东南亚（这些国家从未伤害过或侵略过美国）的战争行动中，美国的死亡人数为5.8万名，而亚洲的死亡数字更在百万以上。美国丢下了7500万吨的高爆炸性炸药，造成该地区生态及经济上的破坏与混乱，至今尚未复原。苏联军队自1979年以来占领了阿富汗（一个平均国民所得低于海地的国家），他们在那里的暴行至今大都尚未公之于世（因为苏联比美国更成功地将记者从战区中隔离开来）。

习惯性的敌对思想虽然在衰败当中，但又能不断地自我延续。如果这种敌对思想开始衰退，只要提醒一下发生过的不幸事件，或制造一些暴行或军事意外事件，或宣布对方部署了一种危险的新武器，或当国内的政治意见变成令人不安的“公正无私”时，肤浅的滥骂或说人不爱国

① 单子是根据美国国会军事委员会列出的战役排出的。

就可以激发敌对思想的复苏。对许多美国人来说，共产主义就意味着贫困、落后，用古拉格岛[①]来对付说真话的人，碾轧人类精神，想要征服全世界。对许多苏联人来说，资本主义意味着心肠恶毒、贪婪无度、种族歧视、战争、经济不稳定，以及全球富人欺骗穷人的阴谋。这些都是低劣的虚假描述，然而多年来苏联和美国的行为给这些低劣的描述添加了一些可信度。

这些低劣的描述之所以能延续下去，部分原因是它们有一部分是真的，部分原因是它们很有用。如果存在一个难以和解的敌人，那么官僚就有一个方便的借口去解释，为什么价格上涨了，为什么市场上买不到消费性产品，为什么国家在世界市场上受挫，为什么有这么多失业者及无家可归的流浪者，为什么对领导的批评是不爱国的行为需要被禁止，特别是这些描述可以作为部署成千上万的核武器的借口。如果这个敌人不够坏，我们就不会轻易忽略政府官员的无能和无远见。官僚们有动机去发明一个假想敌并夸大他们的恶行。

每一个国家都有其军事及情报机关，以评估对手带给自己的危险。这些机关都想被分配一笔庞大的军事和情报方面的经费，以保有他们的既得利益。因此，他们一定要抓住一个长期延续的危机心理。当他们错了，他们称他们只是谨慎行事。可是，不管他们以什么名义在做事，其结果都是推动了武器竞赛。有没有独立的大众来评估这些情报呢？没有。为什么没有？因为这些情报是保密的。如此一来，我们就有了一个不受外力影响、进行暗箱操作的机构。事实上，这是一种阴谋，不让时局松弛到低于认可这批官僚的限度。

毫无疑问，许多国家的国家组织和执政信条，不论以前它们多么有

① 苏联关政治犯的小岛。

效，现在已经到了必须改弦易辙的时候。至今，还没有一个国家进步到可以称得上已经进入21世纪。这个挑战不是把过去的荣耀再做一次选择性的称颂，或者替自己的国家辩解，而是能替全人类寻找一条出路，带领我们渡过这次严重的共同危机。要做到这一点，我们必须找到所有可以找得到的助力。

科学的一个核心观念是，如果要了解一个复杂的（或简单的）问题，我们应当把我们脑中的教条都先清理干净，保证我们可以发表、提出反对意见，能自由做实验，且不接受权威的干涉。我们都会犯错，即使是领导们也会。可是，即使事实摆在我们眼前，要进步就需要批评，政府也会倾向于反对批评。最极端的例子就是希特勒统治下的德国。以下是一段摘自纳粹党魁鲁道夫·赫斯（Rudolf Hess）[①] 在1934年6月30日的演讲词："有一个人是不能批评的，他就是领袖。每一个人都感知到，他总是对的，将来也是。国家社会主义要我们全都扎根于不可置疑的忠诚之上，无条件地臣服在领袖之下。"

这种教条对国家领导的诱惑可从希特勒的评论看出："对掌权的人来说，人民从来不用大脑思考是一种多么大的幸运呀！"短期而言，人民在知识和道德上完全的臣服，对领导者来说也许是一种便利，可是，长期来说，就是自取灭亡。因此，对一国领导层的要求应该是有能力去了解、鼓励，以及建设性地善用批评。

那些遭到国家白色恐怖迫害而噤声不语者，现在可以发声了，呼吁人民自由的人要展翅了，他们自是兴奋极了，任何目睹到这场变革的自由爱好者，受了他们的鼓舞，亦是莫名兴奋。这些是经济得以健全发展

① 鲁道夫·赫斯，希特勒时代的纳粹党魁，于1943年乘飞机去英国，动机不明，被英国政府扣留。战后作为战犯被审判，被英国、法国、苏联、美国的共同法庭判处无期徒刑，他94岁时（20世纪80年代），觉得被释无望，便以电线绕颈吊死。他是共同法庭监牢中的最后一名犯人。

的必要因素。开放和改革对苏联和美国来说都是好的。

当然，在苏联还是有反对开放和改革的人，包括那些证明他们有竞争能力，而非梦游在终身公职中的人；那些不能适应民主的人；那些数十年来一直盲从纪律，不想改变从前作为的人。在美国也有反对开放和改革的人：他们说这是苏联的诡计，目的是诱使西方松懈下来，苏联则趁此时期休养生息，聚积力量以变成一个更可怕的敌人。有些人宁愿苏联不做改变——一个因缺乏改革而虚弱的苏联，一个容易把它魔鬼化用低劣方法去描述的苏联（长久自满于自己民主形式的美国人，也能从开放和改革中学到些东西）。有这么大的力量反对改革，却没有人知道后果会如何。

仔细看一下两国的公众辩论，我们会发现，它们大部分是在重复国家口号、诉诸偏见、间接诽谤、自我解脱、步入歧途；在需要证据的时候，它们开始说些意味不明的东西，并且对公民智力全然蔑视。我们需要的是，承认我们真的还不清楚如何安全地度过下个数十年，及鼓起勇气去审查其他的可选择方案，而最重要的是，致力于解决问题而非坚守教条。要找到一个解决的方法已经够难的了，更别说要找到完全符合18世纪或19世纪政治教条的解答。

我们这两个国家一定要互相帮助，做出必要的改变，且改变要使双方受益。我们的目光要延伸到下届总统任期之后或下一个五年计划以后的未来。我们必须减少军事预算，提升生活水平，支持科学、教育、发明及工业，提倡自由探索，减少国内的高压政治，让工人也能参与经营管理上的决策，认识我们之间的共同人文关系及共同危机，以增进彼此之间的尊重和了解。

虽然我们双方的合作程度已经达到史无前例的水平，但我并不反对良性竞争。不过，让我们在阻止核武器竞赛和大量裁减传统军备上做竞争；在消除政府的腐败上竞争；在使大多数的世界地区实现粮食自给自足上竞争；在减少病痛和增加对疾病的了解上竞争；在尊重世界国家独立地位上竞争；在设立及执行负责任的地球管理伦理上竞争。

让我们彼此学习。资本主义和社会主义的方法及信条在过去1个世纪中，已经在互不承认的抄袭中互相效仿。美国及苏联都不能声称独占真理及道德。我想看见我们在合作中竞争。在20世纪70年代，除了限制核武器竞赛的条约，我们还有些值得纪念的合作——从地球上消除天花、防止南非发展核武器、美国阿波罗和苏联联盟号宇宙飞船的联合航天员航行①。我们现在可以做得更好。让我们开始展开一些范围更大、视野更开阔的计划——消除饥饿，特别是埃塞俄比亚的国内饥荒，这个国家是超级强权斗争下的牺牲品；找出并解决长期由我们的科技发展带来的环境灾祸；在发展核聚变能源物理上努力，找出一种安全的未来能源；合作去火星探险，以人类第一次登陆火星为终极目标。

也许我们会毁灭自己。也许我们内部的公敌会强到我们无法辨认出它们，进而无法消除它们。也许这世界又会回到中古时期，甚或更糟。

可是我并不会因此而气馁，我仍怀抱着希望。最近有改变的迹象——虽然只是暂时性的，但是已走在正确的方向上，而且比起过去的国家反应来说，已经够快了。这是不是代表我们——我们美国人，我们苏联人，我们全人类——终于恢复了理智，开始为了我们的物种及这个行星而合作了？

未来仍有改变的可能。历史将这项责任放在我们的肩膀上。创造一个对我们子孙有价值的未来，都掌握在我们手上。

① 在20世纪80年代，美国阿波罗和苏联联盟号宇宙飞船曾在太空中联结起来，双方的航天员可以在这两艘宇宙飞船舱中来。这是美国和苏联的第一次太空合作。

检查改动

《火花》周刊更改了我的文章，以下是按文章顺序排列，以段落为索引的一些更动较大或较有趣的部分。被删的文字以加粗表示，正常文字表示原文内容，括号中的文字是我的评语。

§3 **不甚了解的食物链的最底层——食物链的最上层生物就是摇摇欲坠的我们。**（没有这句，臭氧的危险好像就少了许多。）

§4 但美国和苏联还是有办法再制造出大量的新核武器，足以摧毁这行星上的**每一个大城市**。（把每一个大城市改成“任何城市”。这么一改，记者的焦点将从每年生产的炮弹数，转移到一颗炮弹的威力，而减少了核武器的威胁。）

§4 ……**或深受工作困扰的领导存在情绪方面的问题**（如果领导们困扰太多，是否人民对这政府的信心就会减少？）

§4 ……**为进行互相恐吓**及战争的准备。

§7 ……**被伤害了自尊心，**并有自我认可的道义正直。

§7 ……**也有被他们国家恶意宣传所毒化的**、被恐惧所征服的、怀有憎恨之心的人……

§8 **西奥多·罗斯福**（Theodore Roosevelt）总统于即位前2年……（这一段删得最可恶，因为被删后可能使99%对美国历史不了解的人都以为这是富兰克林·罗斯福总统说的话，实际上，富兰克林是西奥多的侄子，两人相差30余年。）

§8 **这并非苏联的恶意宣传。**

§9 ……7月2日……

§9 ……秘密签订了互不侵犯条约。

§9 ……有数百万人因而死亡。

§11 如果苏联没有吞并其他国家的习惯，那么这个借口的破绽就更明显。

§18 那些遭到国家白色恐怖迫害而噤声不语者，现在可以发声了，呼吁人民自由的人要展翅了，他们自是兴奋极了，任何目睹到这场变革的自由爱好者，受了他们的鼓舞，亦是莫名兴奋。

§19 ……用低劣方法去描述的苏联。

§20 仔细看一下两国的公众辩论，我们会发现，它们大部分还是在重复国家口号、诉诸偏见、间接诽谤、自我解脱、走向错误的方向，在需要证据的时候，说些意味不明的东西，以及对公民智力的全然蔑视。

§20 ……要找到一个解决的方法已经够难的了，更别说要找到完全符合18世纪或19世纪政治教条的解答。

§23 ……在过去1个世纪中，已经在互不承认的抄袭中互相效仿。美国及苏联都不能声称独占真理及道德。

§26 未来仍有改变的可能。

苏联的检查人员最关心的是第9段内列宁的演讲摘录（及提到图哈切夫斯基元帅的部分）。他们不断要求我去掉这些摘录，而我则不断回绝了。最后，《火花》的编辑在这篇文章上加了一个附注：“《火花》

的编辑部找遍了有关的文件档案，可是找不到列宁说过这段话或类似的谈话记录。我们向数百万读者表示歉意，因为读者可能会被这段摘要误导，而卡尔·萨根就是根据这摘要得出他的结论的。”这段话对我来说，是一种刺耳的反馈。

时间过得很快，文档被解封了，修订后的历史可被看到，也被接受了。列宁的神秘性开始消失，这事件也自动解决了。在阿尔巴托夫的自传中，他写了以下一段友善而温和的话：

> 我要在这里道歉。1988年，我在《火花》上写的关于卡尔·萨根文章的注解中，把他关于图哈切夫斯基元帅的波兰战役当作不实言论置之不理。这是我们经常有的防御态度，这态度已经成为一种被训练出来的反射机能，是我们多年来的习性（最后变成了我们的第二天性），把所有对我们是“麻烦”的事实都扫到地毯下面。例如，我最近才开始仔细审阅我们这方面的历史。

第十五章

人工流产：能不能同时拥护“生命至上”和“自愿至上”①

人类喜欢有极端性思想，总是把个人信念确认成“不是这个就是那个”。在二者之间不允许有其他的选择存在。当被迫承认极端的想法行不通的时候，人类还认为这种极端的想法在理论上是正确的，而一到了付诸实行的时候，是客观条件迫使我们采取中庸的妥协之道。

约翰·杜威（John Dewey）

《经验和教育》卷1（*Experience and Education*, I，1938年）

这个问题在多年前就已经裁定了，他们选择了一条中间路线。你以为这场争执已经成为过去式，其实不然。事实是，社会乱象丛生，有大

① 和安·杜鲁扬（Ann Druyan，作者的妻子）共著，1990年4月22日第一次在《行列》周刊发表，原标题是《人工流产的问题：寻觅一个答案》。

规模的集会和游行，炸弹和恐吓，针对人工流产诊所工作人员的谋杀，有人被逮捕，有人强力游说，有时出现立法闹剧，召开过国会听证，经历过最高法院的裁定，主要的大政党纷纷在这问题上表态，牧师用下地狱来恐吓政治家。顽固的支持者肆意进行伪善的控告及谋杀。双方都引用宪法及上帝的旨意，急急忙忙地把未确定的议论当作明确的结论进行报告。双方都引用科学来巩固他们的立场。家庭因而产生分歧，丈夫和妻子决定不再讨论这问题，老朋友不再来往。政治家根据最近的民意测验决定他们的立场。在这些喊骂中，敌对的人们无法听到对方在说什么。意见都极端化了，立场已定，不能改变。

二分法制造冲突

堕胎错了吗？肯定是？不一定？绝对不是？我们如何判定？我们写这篇文章的目的是想进一步了解双方争论的观点，并看一下，我们是否可以找出一个可以使双方满意的中立立场。难道中立立场不存在？我们要仔细斟酌双方观点中的一致性，尝试提出一些例子。有些例子是纯假设的，如果我们提出的这些例子实在太离谱了，那么还请诸位读者稍微忍耐一下——我们想做的是找出不同立场的极限，好看出它们的弱点及哪里有问题。

如果我们愿意去思考这问题，那么几乎每一个人都可看出它不全然是单纯的问题。我们发现，持不同意见的团体，一旦面对隐藏在反对意见背后的理由，也会感到有些道理（这就是避免面对面讨论的原因之一）。这些问题必然会引出更进一步的问题：我们对他人的责任是什么？我们是否愿意让政府干涉我们生活中最隐私的一面？自由的界限在哪里？怎么样才能算作一个人（人的定义）？

在许多不同的意见中，人们（特别是在媒体中，这些人很少有时间或意愿去做一些仔细的分类）以为只有“自愿至上”和“生命至上”这两种选择。[①] 这是两个敌对阵营愿意使用的自称，因此，在本文中我们也要这样称呼他们。简单概述双方观点如下，支持“自愿至上”者认为，要不要堕胎由孕妇自愿决定，政府无权干涉；而支持“生命至上”者则认为，自怀孕的那一刻起，这个胚胎就是生命，因此我们就有一种道义上的责任去保护它，人工流产就等于谋杀。选用这两个名字——“自愿至上”及“生命至上”，就是想去影响那些还没打定主意的人：很少有人愿意被人视为是反对自由的，或是反对生命的。老实说，自由和生命是我们最珍爱的两件宝物，而在这里它们就有了基本的冲突。

堕胎是谋杀生命？

让我们分别思考一下这两种绝对价值观的立场。一位刚出生的婴儿

① 美国在1973年经最高法院裁定（罗伊诉韦德案），不许人工流产的立法并无宪法根据，因此在法律上允许人工流产。自那时起，美国在这方面的意见变成两个极端，反对的（声称“pro-life”译为“生命至上”），不反对的（声称“pro-choice”译“自愿至上”），不反对和赞成有很大的区别。反对的大都是信奉宗教的人，不反对的人大都是思想自由及主张女权的人，用的口号是“自愿至上”，因为他们认为人工流产问题是当事人（妇女）个人的私事，他人不得过问。民意调查显示，反对和不反对的人各占约40%（其他人不置可否），因此双方势力均衡，极其对立。每年到了罗伊诉韦德案的周年纪念日，“生命至上”者就到华盛顿去游行，经常组织人墙把人工流产诊所围住，不许人进入。后来美国立法，不许在诊所附近某距离内游行。有些受教育程度低的人或宗教狂热者，还用炸弹去炸诊所或开枪打死了医生，这几乎使美国把这些反人工流产团体列为恐怖分子组织，后来所有这些团体都纷纷发表宣言反对使用暴力。现在，人工流产是美国最两极化的社会思想问题，双方都把对方看成死敌。按照统计，美国1/3的怀孕以人工流产结束。

和刚刚还在腹中的胎儿当然是同一个生命。有充分的证据证明，在怀孕后期的胎儿对声音有反应——包括音乐，对母亲的声音的反应更大。它会吮吸也会翻动，偶尔，它还能发出像成人一样的脑电波。有些人甚至声称能记起他出生的经历，或者子宫内的环境。也许胎儿在子宫中会有思想。很难相信，在离开母亲体出生的那一瞬间，一个原来是腹中的胎儿，瞬间就转变成了一个有完全生命的婴儿。因此，凭什么我们会认为杀死婴儿就是犯了谋杀罪，而在前一天杀就不算？

从实务角度看，这不是很重要。怀胎至最后3个月进行人工流产的比例，不到所有有记录的人工流产比例的1%。可是第三期①的人工流产案例可以用来测试“自愿至上”观点的限度。一位孕妇“控制自己身体的天赋权利”是否也包括了可以杀死一位即将出生的胎儿，而照所有的常理来看，此时的胎儿无异于一名新生的婴儿？

我们相信，许多支持生育自由的人偶尔会对这个问题感到头痛。他们都不太愿意提及这个问题，因为它可能是一个滑坡谬误②的起点。如果不许怀孕9个月的妇女堕胎，那么8个月、7个月、6个月呢？如果一旦我们决定了在孕期的某一段时间，政府可以干涉，是否就意味着政府可以在孕期中的任何时间都进行干涉呢？

这就令人想到某些可怕的假想情景：富裕的男性立法者，下命令使不能负担多养育一个小孩的贫困妇女再多生一个；强迫心智尚未成熟的青少年养儿育女；告诉那些有事业心的妇女，必须放弃她们的事业留在家中照看儿女长大；而最坏的是，宣判那些因强奸或乱伦而怀

① 一般怀孕期是9个月，作者此处将其分为3个“三月期”。

② 不合理地使用因果关系，将“有可能的”当作“必然的”，得到不合理的结论。

孕的妇女不能堕胎，而且要照顾这些胎儿长大。[①] 立法禁止人工流产不禁让人们怀疑，他们的用意是在控制妇女的独立性及其性行为。为什么立法议员有权去干涉妇女管理她们自己的身体？剥夺生殖自由是贬低女性的行为。

可是我们一致同意，禁止谋杀和惩罚谋杀者。如果一位谋杀者自辩说，杀人是被杀者和他之间的私人恩怨，政府不得过问，我们会认为这是无效的辩护。如果堕胎（人工流产）是真正的谋杀行为，政府是不是有责任去阻止这种行为？确实，政府的机能之一就是保护弱者不为强者所欺。

如果我们不去反对在孕期某些阶段进行人工流产，是否会产生一种危险，即认为整个人类都不值得去保护和尊敬？这种不尊敬和不保护的行为不就是男性沙文主义、种族歧视主义、狭隘的民族主义，及宗教狂热的标志吗？我们之中坚决反抗这类不义之事的人，是否该极小心地远离这类思想？

只主张人的生命权

今日，地球上的任何一个社会都没有“生命权”这回事。以前也没有（除极少数的例外，如印度教及耆那教）：我们把家畜养大就是为了宰杀它们；我们破坏森林，污染河流及湖泊使所有鱼类死亡；我们以猎杀鹿和麋鹿为游戏，杀豹取皮，杀鲸鱼来制造肥料；我们使海豚陷在捕

① 最激烈的“生命至上”者包括希特勒和斯大林。他们上台后，立刻将以前合法进行过人工流产的人都判了罪。墨索里尼及无数其他暴君都做过同样的事。当然，这件事本身不能用来替“自愿至上”辩解，可是，这两个例子告诉我们反对人工流产者并不见得都对人类的生命怀有责任心。

鲔鱼的网中，被网绳缠绕着喘气；我们用木棍把海狗活活打死；我们每日毁灭一个生物物种。所有这些兽类和植物都和我们一样是活生生的生物。我们口口声称要保护的不是全体物种的生命，而是人类的生命。

即使有了这种对人类生命的保护（立法禁止及惩罚谋杀），谋杀事件仍然出现在各大城市；我们发动“传统”战争，其伤亡数字大得可怕，可怕到我们大多数人都害怕去想它们（有趣的是，政府发动战争时，都会把我们的敌人——按敌人的种族、国籍、宗教，或意识形态——归类为比人类更低等的生物）。这个对生命之权的保障使我们的行星上，每日有4万名不到5岁的儿童死于饥饿、脱水、疾病，及无人照料，而这些都是可以避免的。

那些肯定生命权的人，并非为所有生物请命，他们只主张人的生命权。因此，他们就和“自愿至上”者一样，必须明确人不同于其他生物的特征是什么，以及在怀孕期的哪个阶段，人的特性——不管是什么——开始出现。

生命何时开始

尽管许多人声称有不同的见解，但我们都认为生命不是在怀孕的那一瞬间开始的：这是一条没有断过的长链，可追溯至地球诞生的46亿年前。人的生命也不始于怀孕：它是一条没有断过的长链，开始于我们这个物种诞生的刹那，那是数十万年前的事了。毫无疑问，精子及卵子都是活的，但它们当然也不是人。这个议论也可以应用在受精卵上。

某些动物，卵子可以不需要精子就能发育长大。可是，就我们所知，人类社会尚未出现这样的事。一个精子和一个未受过精的卵子共同组成了一个人的基因蓝图全貌。在某些条件下，受精卵可以发育成一个婴儿。可是大多数的受精卵会自动流掉，所以并不能保证每一个受精卵都可以发育成婴儿。一个单独的精子或卵子，或者一个受精卵，最多只能看成一个可能发育成婴儿或成人的实体。如果把一个由精子和卵子合成的受精卵看成一个人，那也该把一个精子或一个卵子看成一个人，那么我们会认为毁坏一个受精卵就是谋杀——纵使它只是一个可能发育成婴儿或人的实体——既然如此，那么为什么不把毁坏一个精子或一个卵子也视为谋杀呢？

男人每次射精，平均射出的精子数量达数亿（它们游动的最高速度是每小时约13厘米）。一个健康的年轻男性在一两个星期内射出精子的数目（如果都使卵子受精的话）可以使世界上的人口数量加倍。因此，是否应该把自慰视为谋杀呢？那么梦遗或性行为呢？月经期间女子排出当月未受精的卵子时，有没有“人”死去？我们是不是应当对那些自动流产的受精卵举行追悼仪式呢？现在，科学已发展到可以在实验室中，从许多低等动物身上取一个细胞，从中培养出一个新的该动物。已经可以克隆人的细胞了〔最有名的是海拉（HeLa）细胞，名字来细胞的主人，海伦·莱恩（Helen Lane）〕。有了克隆的科技，如果我们把每一个可以用来克隆人的细胞毁灭，我们是不是就犯了大规模屠杀罪？那流一滴血，算不算呢？

精子和卵子都是一个“可能”的人的一半基因，我们是不是要进行一项极大规模的工作，去拯救和保存所有的精子或卵子？因为它们都是“可能”的人，如果不这样做，是否就是不道德的或犯了罪的？当然，毁灭一个生命和不去保护生命是有区别的。一个受精卵的存活率和精子的存活率也大为不同（精子的存活时间很短），但主张保存所有精子的荒谬论调使我们想知道，是不是因为受精卵有发育成为一个婴儿的“可能”，就可以把毁灭一个精子或卵子看成谋杀。

进退两难

反对人工流产的人担心，一旦允许妇女在刚怀孕时可以施行人工流产，就没有任何理由可以禁止在其他胚胎期进行人工流产了。他们怕，会有那么一日，可以把毫无疑问是人的胎儿也谋杀了。因此，“生命至上”者和“自愿至上”者（至少有些人）都不得不采取绝对的立场，因为他们都怕情况出现一边倒。

有些“生命至上”者愿意接受一些允许人工流产的特例，例如因强奸或乱伦而引起的怀孕。可是如果一旦破例，他们就可能失去所有人的支持。为什么生命之权要依怀孕的情况而定？为什么政府要给合法性行为产生的后代以生命权，而将暴力或胁迫怀孕的胎儿处以死刑呢？这怎能称为公平？如果某种胎儿算作例外，为什么其他的胎儿就不能有例外？这就是为什么，有些“生命至上”者采取一种引发众怒的立场，主张在任何情形下都不能实行人工流产——除非危及孕妇的生命，才可以有例外[①]。

可是世界上施行人工流产最普遍的理由是控制生育。为什么反对人工流产的人不把避孕器材发给在校学生，并教育他们怎么应用呢？这是一个减少人工流产的有效方法。可是在发展安全及有效的避孕这方面来

① 新教的创立者马丁·路德连这项例外都反对：“如果她们在生育时倦了，或死了，不要紧。让她们在生产中死去，这就是为什么有女性的基因。”〔路德，《关于永生》（*Vom Ebelichen Leben*），1552。“Ebelichen”是古德文，今文是“Ewig”，“永恒”之意，“Leben”是生命。〕

说，美国远远落后其他国家——而且在许多例子中，这一批反对人工流产的人还反对这方面的研究（也反对性教育）。

早期宗教宽以待之

何时可以实施人工流产？尝试寻找一个在伦理上合理而明确的判断方式由来已久。特别是在基督教的传统中，这个问题经常和另一个问题有关：什么时候灵魂开始进入人体——这是一个不能用科学研究的问题。有人主张在怀孕前，灵魂就已进入精液，或灵魂在怀孕时进入，或灵魂在胎动期（当母亲开始觉得胚胎在她的体内活动时）进入，或在出生的时候，甚或更迟的时候。

不同的宗教有不同的教诲。在早期的狩猎采集时代，通常对人工流产没有任何限制。① 相反，亚述国（亚洲西南古国）把尝试进行人工流产的女性钉在木柱上以示惩罚。犹太教法典认为胚胎不是人，因而没有权利。《圣经》的《新约》和《旧约》中有许多的禁令——对衣着、食品，及可以使用的语汇限制很多——可是没有一个字特别声明不许人工流产。唯一勉强和这问题有关的是《出埃及记》的21章22节，其大意是，如果有人打架，如果站在边上旁观的孕妇在打架中被误伤而流产，误伤人者要付罚金。

① 中国文学中至少有一个合法人工流产的例子。《西游记》中提到女儿国，国家中的人民全是女性。如果想怀孕就去喝某一处的水；如果不慎喝了水而怀孕，就可以去另一处，那处的水可以导致流产。后来这可使人流产的水源被人强占了，要拿钱去买。一时怨声载道，因为这样穷苦人就无法堕胎。后来，唐僧师徒误喝怀孕之水，强占水源的人不给唐僧师徒可以流产的水，因此孙悟空和对方大打一架，将其赶跑。这一段的寓意甚深，拿水做情欲的隐喻。也说到穷苦人家无法避孕，子女太多的痛苦。

圣·奥古斯丁（St. Augustine）及托马斯·阿奎那（St. Thomas Aquinas）都不认为早期的人工流产是谋杀（后者的理由是早期的胚胎不像人）。1312年，设在维也纳的教会委员会（Church in the Council of Vienne）赞成这一原则。到现在这原则都还没有被否认过。按照现代最著名的天主教在人工流产方面的权威学者，约翰·康纳利（John Connery, S. J.）的看法，在传统的宗教法规中，只有在胚胎已“成形”后，才把人工流产看成谋杀（“成形”期大约在第一个三月期结束时）。

可是当人们第一次在显微镜下看到精子时，他们以为看到了一个成形的人。这就使“侏儒理论”复活了。按照这理论，一个精子是一个完全成形的小人，这小人的睾丸中的精子里也是成形的小小人，小小人的睾丸中的精子又是一个小小小人……一直无穷尽地“小”下去。这种观点的产生缘于对此科学发现的误解。1869年，任何孕期的人工流产都足以成为被驱除出教会的理由。对许多天主教徒来说，“成形”后才开始禁止人工流产，是一件令人十分讶异的事。

医学界敦促立法禁止堕胎

美国从殖民时代到19世纪，妇女是否要在“胎动期”前实行人工流产，完全由孕妇自行决定。在第一个或第二个三月期的人工流产至多被视成轻罪[①]。很少有人因为人工流产而被提起公诉，即使有，也几乎不可能被判罪，因为要依赖妇女自己做证是否有“胎动”，同时一般陪审员都对干涉妇女的选择感到厌恶。就目前所知，1800年美国尚无任何一

① 轻罪（misdemeanor）是美国法律用语，指可以以罚金代替坐牢的轻罪，如当众喧哗等不伤人的或对财产的损害小于某一价值的行为等。

条关于人工流产的法律。人工流产的药物广告几乎广泛地出现于任何报纸上，甚至于教会发行的刊物上——虽然用的是间接委婉的文字。

可是到了1900年，美国各州严禁施行任何孕期的人工流产手术，除非威胁到母亲的生命。为什么会有这样一个180度的大转变？宗教和这个转变关联极小。经济及社会的重大转型使这个国家（美国）从农业社会转变为城市-工业社会。在此转型过程中，美国从世界上生育率最高的国家变成生育率最低的国家。人工流产在生育率的降低中扮演着一个相当重要的角色，也因此刺激了各种力量来压抑人工流产。

其中最具影响力的势力来自医学界。一直到19世纪中叶，医生依然无须执照，也没有政府或其他单位管理。任何人都可以在门上挂个牌子，自称医生。大学中新兴的医学院训练出的医生结业后，这些社会精英就迫不及待地想要提高他们的社会地位，并增强对社会的影响力，因此就组织了美国医学协会（American Medical Association，AMA）。在协会成立后10年内，他们不断向大众游说要有行医执照的医生才能实施人工流产的手术。这些医生声称，新的胚胎学知识证实胚胎在胎动前就已经有了人的特征。

他们攻击人工流产不是为了保证母亲的安全，而是为了胚胎的福祉。你必须是一个医生才能知道何时才可以实行人工流产手术，要回答这个问题，需要科学及医学事实，只有医生才了解这些事实。而在当时，掌握这些秘密的医学院是不许女性入学学医的。因此，事情就演变成女性在终结她们怀孕这件事上，完全没有发言的权利。至于怀孕是否会危及母亲，也完全由医生做决定。对一位经济优渥的女性来说，不能自己做决定造成的后果可能仅会影响其生活方式或情绪的稳定。但穷苦的女性被迫去找小巷中的秘密医生或用衣架自行堕胎。

一直到20世纪60年代，才有人工流产方面的正式立法。自此，一些个人及团体（AMA也在之内），就开始企图推翻这项立法，重新建立较传统的价值观，这些传统的价值观后来就在罗伊诉韦德案中被反复提起。

人类特征何时出现

如果你蓄意杀人，就是谋杀。可是你蓄意杀害一只人猿——从生物学上来说，我们是近亲，彼此身上有高达99.6%的活跃基因相同——你可能犯了些罪，但绝不是谋杀罪。到现在为止，谋杀罪只应用在人的身上。因此，什么时候成为人（或灵魂进入身中）这问题，就是人工流产争论的核心所在。在什么时候一个胚胎发育成人？在什么时候独一无二的人类特征开始出现？

我们都同意，在界定一个精确时刻时，必须把所有相关的个别案例的差异性都考虑进去。因此，如果我们要画一条分界线，那么一定要保守地画——也就是说，分界线要画在早期那一端。有人反对要设一个数字界限，我们可以体会他们的不安；可是，如果要在这方面立法，而且

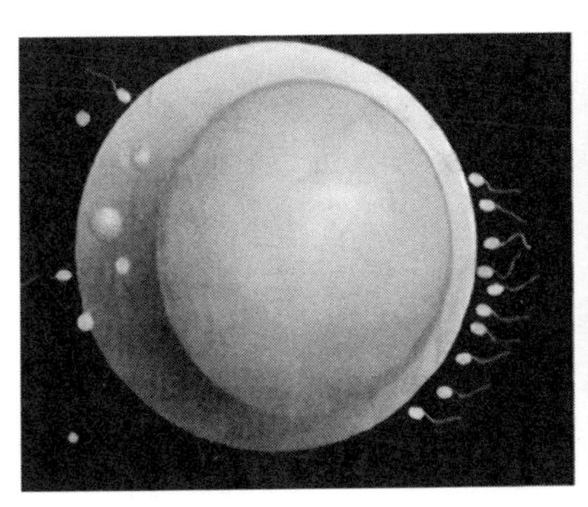

一个刚受过精的卵子，右半部分被一群精子包围，其他3亿左右的精子尚未游过来

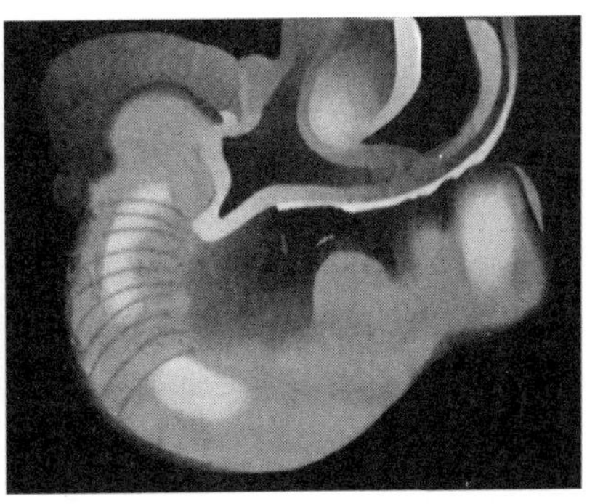

一个受精3周后的人类胚胎，大概只有铅笔那么大，头在右方，延伸到尾部的一段看起来像条虫子

这个法律必定要在两个绝对的极端之间达成有效的妥协，那么我们就需要确定出一个胚胎转变为人的时间，至少是一个大概时间。

每个人都是从一个标点符号大小的点开始的。一个受精卵的大小相当于句尾的句点。精子和卵子的相遇大都发生在两个输卵管中的一个。相遇后，受精卵就1分为2，2分为4，以此类推——一个以2为基数的指数增长。在第10天左右，这个受精卵就变成一个中空的球，开始移动到另一个地区：子宫。它在移动的过程中，沿途破坏一些组织。它沐浴在母亲的血液中，并借此吸收氧气及其他养分。后来，它变成一种附着在子宫壁上的寄生物。

● 第3周，大概在第1个应该来而没来的经期时，这个形成中的胚胎大约是2毫米大小，它的身体部分正在发育。这时候，它开始依赖一个还没有完全发育的胎盘为生。它看上去像一条有节的虫。

● 第4周结束时，它的大小约5毫米。可以看出它是一个脊椎动物了，它的管状心脏开始跳动，开始出现一个像鱼或两栖动物的鳃的器官，有一条很清楚的尾巴。它看上去像蝌蚪或水蜥（蝾螈）。这是受精后的1个月的胚胎。

● 第5周，已经可以分辨大脑分裂，可以明显看出眼睛会长在什么地方。一些小芽出现——它们将发展成四肢。

● 第6周，胚胎长到约13毫米。眼睛在头的两侧，如大多数动物一样；像爬虫的头部有一条连着的豁口，这里以后会发育成嘴和鼻子。

● 第7周结束时，胚胎的“尾巴”基本消失，一些性特征开始显现（虽然这时它们看起来都像“女性”）。胚胎的脸部与哺乳动物越来越像。

● 第8周结束时，胚胎的脸部已经具备一些灵长类动物的特征，但和“人类”还有很大区别。人类婴儿的大部分身体在这一时期逐渐形成，脑干也在缓慢成长。胚胎开始对一些刺激产生反应。

● 第10周，已经可以从胎儿的脸部看出它是人类，也能分辨男女。指甲和骨架要等到第三个月才会出现。

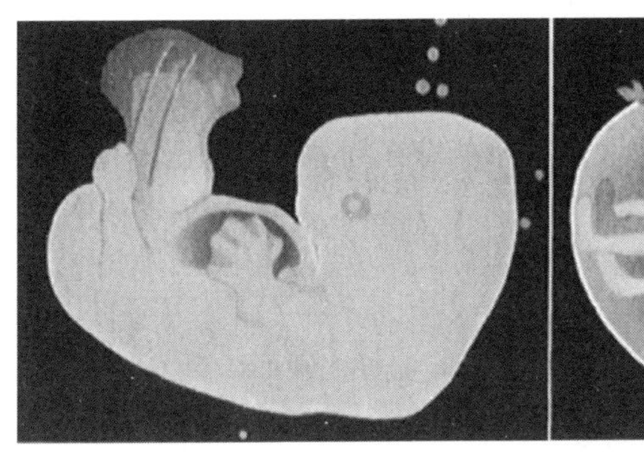

一个5周末期的人类胚胎，尾部蜷缩在刚刚发育的双腿间。脸部（图中只显出侧面）的轮廓类似爬虫

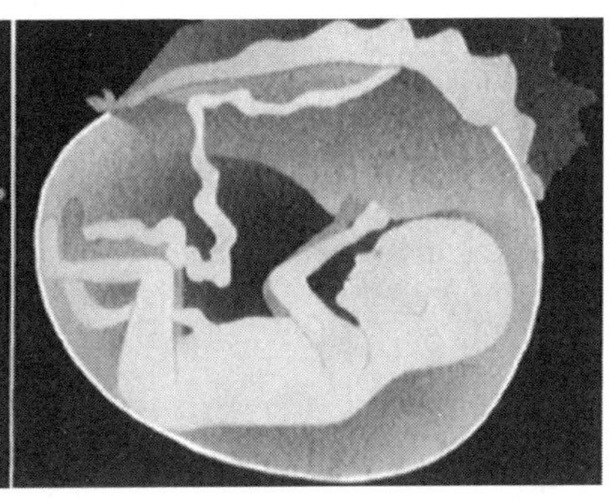

一个16周大的胚胎，已经显示出人形。可是它的活动还不足以让母亲感受到胎动，也无法在子宫外存活

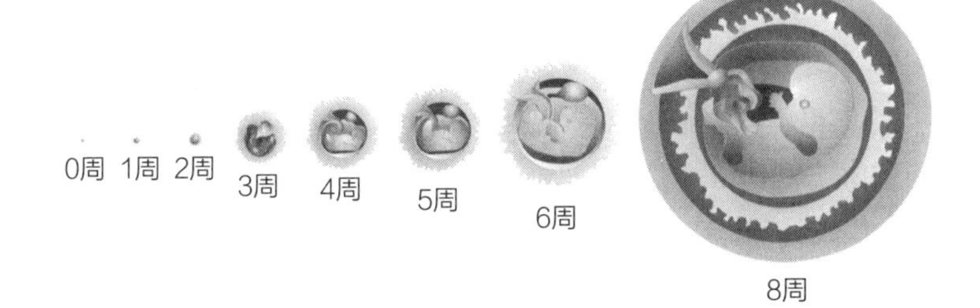

怀孕8周的胚胎发展阶段。最左侧的是刚受精的受精卵，包含48条染色体，这就是全部基因，一半来自父亲，一半来自母亲。每张图片之间时间间隔为一周，除最后一张图是怀孕8周的胚胎。在不同阶段，胚胎的形态逐渐变化，先是呈现类似虫，再到两栖类、爬行类、低等哺乳动物，在第8周开始出现灵长类动物的特征。还要再等上几个月，肺部才开始发育，人类特有的脑活动才开始出现

● 第4个月，可以通过脸部区分不同的胎儿了，胎儿也变得更加活泼好动。肺部和气管大概在第6个月出现，肺泡的出现要更晚一点。

如果把人工流产看成谋杀，则在哪一个孕期胚胎才算是人？当它的脸呈人形（在第一个三月期末）时？当这胚胎对刺激有反应时（也是在第一个三月期末）？当它的活跃程度可以引起胎动时，典型的时间是第二个三月期中旬？当它的肺已经发育完成，一旦脱离母体就可以自主呼吸时？

这里所举出的胚胎发育重大阶段依然存在问题，且问题不仅在于它们都是非常武断的。最令人烦恼的是，这里列出的特性没有一个是人类独有的——除了肤浅的“外貌”。所有的动物对刺激都会有反射性反应，也可以按自己的意愿行动。绝大部分的动物都能呼吸。可是这些其他动物的特性，并没有阻止我们屠杀它们。反射机能及行动的机能并不足以构成我们之所以为人的条件。

比起我们来，许多其他动物有许多有利的天赋——如速度、力量、耐力、攀爬和钻洞的本领、掩饰、视觉或嗅觉或听觉，以及在空中飞行或水中游泳的能力。我们最大的一个天赋，也是我们成功的秘诀，就是思考——典型的人类思考模式。我们能把事情想得十分透彻，能想象将要发生的事，以及理解事物间的关系。这就是我们发展农业及文化的凭借。思考是我们的福祉，也是我们的祸因，思考使我们成为今天的模样。

当然，思考发生在脑——主要来自大脑上面一层，皱形回绕的“灰色物质”上，它的学名是“大脑皮层”（cerebral cortex）。脑在这里有1000亿个神经元（或神经细胞），它们构成思考的物质基础。这些神经元互相连接成为一个网络，这个网络在人类的思考上扮演着重要角色。可是大规模的神经元连接要到怀孕后24~27周才开始——第6个月。

将不会伤害胚胎的电极插入它的脑中，科学家就可以测出它的头盖骨内的神经网络所产生的电流活动或脑电波。脑电波的种类因大脑活动的种类而异。成人的脑中会产生有规律的脑电波。胚胎大概在第30周才会出现这种有规律的脑电波——接近第三个三月期的开始。在这之前——不论胎儿如何活跃，都不会产生这种脑电波，它们还不能思考。

默许杀害任何活着的生物，特别是一个以后可能变成婴儿的生物，总是件棘手而又痛苦的事。可是我们已经摒弃了“肯定是”及“绝对不是”这两个极端，因此我们又进入中间地带。如果我们要去选择一个发育上的标准，那么我们应当在何处画一条分界线：什么时候人类特有的思考刚勉强可以开始？

这是一个非常保守的定义：在胚胎中极少观察到有规律的脑电波。也许更多的研究工作可以协助深入了解（在羊及狒狒的胚胎中，有规律的脑电波也要等到怀孕末期才变得明显）。如果我们要使这个标准更具体，比如将偶尔有些早熟的胚胎也会有脑的发育也考虑进去，我们可以把这分界时间定在第6个月。正好，这也是最高法院划定的分界时间——虽然依据不同。

母亲与胚胎孰先孰后

最高法院对罗伊诉韦德案的裁定彻底改变了美国人工流产方面的法律。它允许妇女在第一个三月期内，可以自由选择是否要施行人工流产手术；在第二个三月期中，加了一些为了保护当事者健康的限制；在第三个三月期中是否允许人工流产，由每州自行决定，除非严重威胁到当事女性的生命或健康。在1989年的韦伯斯特裁决案中，最高法院明确拒绝了推翻对罗伊诉韦德案的判决，可是这次裁定结果等于允许美国的50州自行决定如何处理人工流产问题。

罗伊诉韦德案的裁定理由是什么？这项裁定并未依据出生后的婴儿状况或对家庭产生的后果进行任何法律上的权衡。法院裁定的依据是：宪法保障了个人的隐私权，因此也保障了妇女在生育方面的自由及自决权。可是这项权利不是无限制的。它必须在妇女的隐私权和胚胎的生命权之间权衡轻重——法院权衡过后，妇女的隐私权在第一个三月期中占了上风，而胚胎的生命之权在第三个三月期中占了上风。在决定这个转变时间的时候，法院并未考虑我们在本章中讨论到的各项问题——“灵魂入体”的问题，什么时候胚胎有了人的特性，因而可以把人工流产看成谋杀。法院考虑的是，胚胎什么时候可以离开母体存活下去，即“胎儿的自然生存能力”（viability），这能力部分来自能自主呼吸的能力。孕期前24周（孕期第6个月初期），肺还没有发育到可以让胚胎呼吸的程度——不论把多么先进的人工肺移植到胚胎中用以协助呼吸都没用。这就是为什么罗伊诉韦德案裁定，允许每州自行决定要不要在第三个三月期禁止人工流产。这是一个极为“实际的”禁止人工流产的标准。

有这样的争议说道：如果胚胎在孕期的某个阶段在母体外有生存能力，那么胚胎的生命权就比女性的隐私权更优先。可是“生存能力”一词意味着什么？一位怀孕期满“瓜熟蒂落”的婴儿如果没有受到良好的照顾就不能活下去。罗伊诉韦德案裁定是在早产婴儿保温箱（incubator）发明之前的事。数十年前，怀孕7个月的早产婴儿幸存机会十分渺茫（发明保温箱后生存率就大大提高了）。在发明保温箱以前，法律是否就能许可在怀孕7个月后的人工流产？发明以后，是否在第7个月的人工流产就突然变成不道德了？如果将来科技发达，发明了一种人造子宫，可以用血液来供应胚胎所需的养分及氧气（就如母亲通过胎盘供应胚胎养分和氧气一样），以维持怀孕6个月产下的胚胎生命又会怎样？我们知道这种科技不太可能在近期发明出来，或者即使发明出来了，也不见得能普及使大多数人支付得起。可是，如果有了这种（假想的）人造子宫，是不是怀孕6个月的人工流产算是不道德的，但在发明以前又是道德的？一种依赖科技的发达程度而随时更改的道德标准是非常脆弱的；对某些人来说，这样的道德也是不被接受的。

我们还可以问：到底为什么要立法保护可以呼吸（或肾功能，或对疾病的抵抗力）的生命？如果可以证明一个胚胎能用脑去想，有感觉，但还不能呼吸，是否就可以杀掉它（人工流产）？是不是我们把呼吸看得比思考或感觉更重要？我们认为“生存能力”不能作为一成不变的标准，以决定在孕期的哪个阶段可以允许人工流产。我们需要其他标准。在此，我提出我的意见作为参考，我们应以胎儿是否“最早具备人类特有的思维能力”作为是否允许人工流产的依据。

平均来说，胚胎具备思维能力远迟于胚胎的肺部发育，我们认为罗伊诉韦德案的裁定，对一个极复杂困难的问题来说，是一个十分谨慎的良好裁定。禁止第三个三月期的人工流产——除非有重要的医学需要——是在互相为敌的自由和生命之争中，取得的一个平衡。

问卷调查势均力敌

当这篇文章在《行列》周刊上出现的时候，文章边上印了一个小方格，提供了一个区域号为900的电话号码，读者可以打电话投选他们对人工流产的意见。令人惊喜的是，有38万人打来电话发表了他们的意见。他们可以对以下4个问题做出“是”或“否”的回答：在怀孕后立即实施人工流产等于谋杀；女性有权在孕期任何时间选择人工流产；应当允许在第一个三月期内实施人工流产；应当允许在怀孕6个月时实施人工流产。《行列》每周日出刊。对这些意见的回答几乎是正反数目相当。帕特·罗伯森（Pat Robertson）是一位基督教基本教义派的传教牧师，1992年参加共和党的总统竞选，他在星期一的常规电视节目中，要求他的跟随者把《行列》周刊“从垃圾堆中拣出来”，送回杂志社，借此表达一个清楚的信息：把受精卵杀死是谋杀。

第十六章
游戏规则

合乎道德的事来自以下4种原则：全面理解或探索真理；保持有组织的社会，社会中的每个人都能各取所需，并履行自己的责任；高尚精神带来的伟大和力量；每件事都按规则及中庸原则，有节制地去说和去做。

西塞罗（Cicero）

《论义务》（*De Officiis*, I，公元前45—前44年）

我记得那是很久以前的事了，事情发生在1939年某个愉快美好的一天即将结束之际——那一天发生的事彻底改变了我的思想。那一天，我的父母带着我参观纽约世界博览会的种种奇观，时间已经很晚了，早就超过我该睡觉的时间。我稳稳地骑在父亲的双肩上，两手抓住他的双耳，妈妈紧紧地跟随在旁边，我则转过头看着博览会的标志建筑：尖角塔和圆球（Trylon and Perisphere），它们闪烁着淡蓝色的光芒。我们抛下这个未来的“明日世界”，朝BMT线的地铁方向走去。当我们走进地铁站，停下来整理行装的时候，父亲开始和一个矮小的男子攀谈起来。他看上去很疲倦，颈上挂着一个平盘，他在卖铅笔。我的父亲从携带的小包中翻出我们带来的棕纸袋，里面装着我们没吃完的午餐，拿出了一个苹果，并将苹果给了那个男子。我开始哭闹。我那时不喜欢苹果，中饭和晚饭都拒吃它们。可是，我觉得这还是我的苹果，而父亲要把我的苹果给一个陌生、外貌又很可笑的人——而这个人，还木然地看着我们，这种态度令我更生气了。

虽然我的父亲是个有无限耐心和爱心的人，但是我可以看得出来他对我很失望。他把我从肩上抱下来，亲了我一下，说道：“他是个很可怜的人，他失业了。”他小声地对我说，不让这个人听到，“他今天一天没吃东西了。我们吃够了。我们有能力给他一个苹果。”

我想了一下，抑制了自己的抽泣声，不再要脾气，并渴望地瞄了一眼“明日世界”的方向，然后感激地在父亲的双臂中睡着了。

何谓正直的事

道德规范可以用来管理人类行为。这些道德规范不仅自人类文明初露光辉以来就和我们共存，甚至在更早之前的古文明时期，就存在于我们群居着进行狩猎采集活动的祖先当中。不同的社会有不同的法规。可是在许多文化中，往往说的是一回事，做的又是另一回事。在几个较幸运的社会中，一名受神灵启示的立法者立下一套人人要遵守的法规（他不止一次地声称上帝训令他，叫他立下这些法规。如果不说是上帝的训令，就没有人会遵守这些法规）。

例如，印度的阿育王（Ashoka）、古巴比伦的汉谟拉比（Hammurabi）、斯巴达（希腊古国，以好战为名）的莱克格斯利（Lycurgus），以及梭伦（Solon）制定的曾一度支配强大文明古国的法典，但现在这些古代的法规大都已经失去效力。也许是这些法典的创始人误估了人性，对我们的要求太高。也可能是一个时代或一个国家的法典，不适用于另一个时代或另一个国家。

令人诧异的是，今日竟有人下功夫——虽是试验性质的，但仍在不断尝试——用科学的方法去研究这问题。

在我们的日常生活中，以及国家的重要关系间，我们必须决定：做正直的事是什么意思？我们应不应当帮助有急需的陌生人？我们该如何应付敌人？我们应不应当利用对我们仁慈的人？如果我们被朋友伤害了，或被敌人帮助了，我们是否该以其人之道还治其人之身？我们过去的整体表现远比最近的脱轨行为更好？

例如：你的表姐不在意你对她的轻待和冷落，邀请你去她家共享圣诞大餐，你该不该接受她的邀请？我们该给慈善机构多少钱？压迫当地黑人原居民几个世纪后，南非的国民党（Nationalist Party）领袖克勒克（F. W. de Klerk）向南非非洲人国民大会（African National Congress，ANC）示好，反对白人统治的黑人领袖纳尔逊·曼德拉（Nelson Mandela）及南非非洲人国民大会是否也应当友好回应？一名同事当着老板的面让你难堪，你要不要报复？我们在填报所得税表时，该不该欺瞒所得以逃税？如果我们真能逃掉呢？如果一家石油公司支持一个交响乐团，或者支持一个质量优良的电视剧，我们该不该对其造成的环境污染问题视而不见？我们该不该友好对待年长的亲戚，即使这位长者的表现令我们抓狂？我们在玩牌时该不该作弊？在更大的场合呢？我们该不该处决谋杀者？

黄金法则：以德报怨

在做这类决定时，我们不仅关心做正直的事，也关心有哪些事是我们可以做的——可以使我们和社会的其他组成分子感到更愉快、更有安全感。在我们所谓的道德和实用主义之间存在着一种紧张关系。如果以长远眼光来看，某些道德行为是自我挫败的，这样做只会落得愚蠢之名，并非道德义举（我们声称我们尊敬原则，可是一旦要付诸实行时，就将原则抛诸脑后）。在认识了人类行为的复杂性及多元性后，我们问：究竟有没有一些真正可以付诸实践的简单原则决定我们该如何行事——不论我们称之为道德还是实用主义？

我们如何决定要做什么？我们对这个问题的反应，部分取决于自己的利益。我们以其人之道还治其人之身，或反其道而行，是因为我们希望自己的行为可以引来期望的结果。各国聚集在一起协商，或选择引爆核武器的原因，都是不希望被其他国家耍弄。我们以德报怨的原因是如果我们这么做，有时就能触动人们的良知，或者，我们认为报之以德可以使他们感到羞耻。有时，我们这么做的动机并非出于自私的心理，有些人的本性就是善良的。我们接受长者或儿女的无理要求，是因为我们爱他们，想要他们快乐，即使我们有些损失也不要紧。有时，我们严格要求儿女，使他们感到不安，是因为我们要塑造他们的性格，我们相信这么做能在以后为他们带来超过短期宠爱所能带来的快乐。

没有哪件事是相同的，人和国家也不例外。我们需要智慧，以从迷阵中寻到一条出路。但是，了解了人类行为的多元性及复杂性后，不管我们称呼它们为道德或实用主义，究竟有没有一些真正行得通的简单原则指引我们呢？或者我们应当避免去想这些问题，只去做我们“觉得正直”的事？可是，即使如此，我们该如何确定什么才是“觉得是正直”

的事？

至少在西方，最受人赞扬的典型行为是黄金法则（Golden Rule），首创于拿撒勒的耶稣。众所周知的黄金法则来自《马太福音》：你们想要人怎样待你们，你们也要怎样待人。几乎没有人遵行这条黄金法则行事。有人询问中国的哲学家孔子对“以德报怨”这条黄金法则（在那时已经是众人皆知）的看法，孔子的回答是：“以德报怨，何以报德？”一个妒忌邻居富有的贫妇，是不是要把她仅有的一切都给这个富有的邻居呢？是不是一个受虐者可以去虐待邻居呢？别人打了你的左脸一巴掌后，你是不是真的能把右脸凑上去再让他打一巴掌呢？对一个没有良心的敌人，这样做难道不只会让自己再多受些痛苦吗？

白银法则：己所不欲，勿施于人

白银法则（Silver Rule）就不同了：“己所不欲，勿施于人。”世界各处都有这样的说法，包括比耶稣早1个世纪的犹太拉比（是犹太人中的一个特别阶层，是老师也是智者的象征）希勒尔（Hillel）的著作也提到过。20世纪最激励人的白银法则典范是印度的甘地及美国的黑人领袖马丁·路德·金（Martin Luther King）。他们对被压迫者的教诲，不是以暴制暴，而是文明的不服从、不顺从。他们主张不使用暴力的不服从——把你的身体放在第一线，给那些压迫者看，而且你愿意为了反对不公的法律接受惩罚。他们的目的是软化那些压迫者的心（并使那些还没打定主意的人被感动，从而支持他们）。

马丁·路德·金将“非暴力不合作运动”的功劳归于甘地，说他是历史上第一个，把黄金法则或白银法则转变成有效工具，以促成社会改变的人。而甘地曾明确表示:“我从我的妻子身上学到不用暴力的教诲。我曾经一直强迫她服从我的意志。一方面,她有很坚强的反抗心;而另一方面,她静默地忍受了我的愚蠢给她造成的痛苦。最后,她的行为使我感到惭愧,从而医好了‘我一生下来就有统治她的权利’这种愚蠢思想。”

在20世纪,非暴力不合作运动给政治带来了很大的改变——把印度从英国的钳制下解放出来,促进了全球殖民主义的垮台,也替非裔美国人争取到了民权——虽然其他人所主张的暴力威胁也有助于此,但甘地和马丁·路德·金都极力反对暴力。南非非洲人国民大会是在甘地的精神感召下成长的。可是到了1950年,事实已经很明显,这种非暴力不合作运动对当地执政的白人国民党毫无影响力,因而各种民权运动毫无进展。1961年,曼德拉及他的同僚组建了南非非洲人国民大会的鹰派组织——国家之矛(Umkhonto we Sizwe)。他们站在反甘地的立场,宣称唯一能让白人清醒的就是武力。

黄铜法则:以眼还眼

即使连甘地本人也对如何协调非暴力原则与必要的暴力自卫以对付那些缺乏高尚道德的行为,感到头痛。他说:“我没有资格去教授我的生活哲学,我勉强有的是实践我所相信的哲学,我只是一个可怜的、挣扎中的灵魂,渴望能做到……完全的诚实,及在思想、言行方面做到非暴力,可是我一直都不能达到这个目标。”

孔子说:“以直报怨,以德报德。”这可以写成黄铜法则(Razen Rule):以其人之道还治其人之身。这就是同态复仇,即《圣经·旧约》的教诲："以眼还眼，以牙还牙"和"一件好事后面就应当跟上另一件好事"。这在人类（及人猿）的实际行为中都可看到，是我们很熟悉的典型标准。"如果敌人倾向于和平，你也要倾向于和平。"这是克林顿总统在以色列和巴勒斯坦达成和平协议时，引用的《古兰经》原文。不必诉诸人性善的一面，我们建立起一种心理学上所谓的"操作性条件反射"（operant conditioning）行为，如果他们对我们好，就奖励他们，如果他们对我们坏，就惩罚他们。我们不是懦弱的对手，可是也不是不懂宽恕的人。这个法则听起来颇为可行，但或者"负负不能得正"[①]？

铁律与锡律

再低一级的就是铁律（Iron Rule）："只要没被处罚，你可以为所欲为。"有时铁律的陈述是："法规是有黄金的人制定的。"这样的陈述不仅是在强调铁律和黄金法则的不同，还是对黄金法则的一种蔑视。如果能逃避惩罚的话，这将成为许多人的格言。这也是有权有势者之间的默契。

最后，我应当提起另外两条全球都通用的规则。它们可以解释世界上的许多事情。一条是：向上谄媚拍马，向下滥用特权。这是典型的恃强凌弱者的格言，是非人类的灵长类（如人猿）社会中的正常行为。

① "Two wrongs don't make a right." 即一方做错了事，另一方不能也做同样的错事来调和。这是美国反对死刑的最大口号，如果一个人杀了人，国家将其处死，总的来说就杀了两个人，而这对第一个被谋杀的人一点好处都没有。可是表面上看来这话有理，可是事情不是这么简单的，因为处死谋杀者不是为了被谋者的利益，而是要起到杀一儆百的作用。

它可以说是以黄金法则对付强者，以铁律对付弱者。因为没有金和铁的合金，我们只好把这条规则叫作适应律或锡律（Tin Rule）。另一个普通的规则是："尽量给你的亲戚一切方便，对其他的人你爱怎么做都可以"。这是所谓的裙带法则（Nepotism Rule）。进化生物学者把它称为亲属选择（kin selection）。

黄铜法则的致命缺点

黄铜法则看上去很实际，可是它有一样致命缺点：持续不断的血仇。暴行从谁开始都不要紧，暴行后面永远跟着另一暴行，一方永远有恨另一方的理由。"没有走向和平的道路，"马斯特（A. J. Muste）说，"和平才是道路。"可是和平很难维持而暴行很容易开始。即使几乎每一个人都倾向和平，只要一个孤注的报复，就可以动摇此局面，比如一个哭哭啼啼的寡妇及哀哭的小孩在我们的面前诉苦，老年人和女性回忆他们童年时遭遇的暴行。我们的理智是想要保持和平，可是我们的情感呼喊着要报复。敌对双方的极端分子都能利用我们。他们联合起来对付我们，并对我们提出要相互了解及相互关爱的呼吁表示轻蔑。几个暴躁的人就可以迫使谨慎及理智的人投入残酷的暴行及战争中。

许多西方世界的人都很疑惑，为什么各国会同希特勒在1938年签订可憎的《慕尼黑协定》，人们无法理解为什么这些国家不能各自合作，还对坏人漠视不理。我们从不判断表态及建议的优劣点，就已经判定这个敌人坏透了，他的一切让步都是没有信用的，武力是他唯一的武器。也许我们对希特勒做这样的判断是正确的。可是一般说来，这是不对的，即使我也希望在1938年可以用武力阻止德国侵略莱茵区。然而，这样的想法煽动双方的敌忾情绪，使战争爆发的可能性大为增加。在一个有核武器的世界中，不可妥协的敌忾心理带来的危险尤为可怕。

哪种法则最好?

我要说，要切断互相报复的长链实非易事。有些民族无法逃出这种互相报复的循环，最终使自己弱小到几乎灭族。那些发生在南斯拉夫、卢旺达及其他地区种族间的内战都是很好的例子。黄铜法则似乎太不宽容了，黄金法则及白银法则又似乎太宽容了。后二者在惩罚残酷和剥削上是彻底失败的。它们希望用种种仁慈的表现把人从罪恶之途引上正道。可是社会上存在反社会人格（sociopath），这一群人对别人根本没有任何感情。我们很难想象，将仁慈的楷模摆放在希特勒眼前，就可以使这个恶魔感到羞耻而改过。是否在黄金法则、白银法则，及黄铜法则、铁律、锡律之外，有一种比这些规则更好的规则?

有了这么多的规则，你如何知道用哪一种，以及哪一种有效? 即使在同一个人身上，也可以应用不止一种规则。我们是否命中注定去猜测，或依赖直觉，或像鹦鹉一样去复诵别人教导我们的规则? 让我们先撇开所有我们学过的规则及我们从内心深处——也许是来自一种深植在心中的正义感——觉得一定是对的规则。

假定我们不要盲目跟随或否认我们学过的规则，而是要去寻觅那些是真正可行的规则。有没有方法去测试不同的伦理法则? 即使真实世界要比任何的模拟情境要复杂得多，我们能不能以科学方法来探究这件事?

零和游戏只求输赢

我们很熟悉有人赢有人输的游戏。每次对方赢1分，我们就输1分。“输-赢”的游戏似乎是很自然的事，许多人无法想象没有输赢的游戏。在输-赢的游戏中，输赢刚好平衡相抵。这就是为什么它们被称为“零和”（zero-sum）游戏。在这种游戏中，双方的意向十分清楚：在游戏规则的许可范围之内，不择手段地击败对手。

许多儿童在第一次玩输赢游戏时，一旦沦为“输”方，往往会觉得非常可怕。在玩“大富翁”时，他们要求特别减免（如要求免租金等），一旦其他玩家不同意，可能就会放声大哭，或大骂游戏没良心——这话说得一点都没错（我曾经见过输了的一方，在暴怒中，打翻游戏盘，乱丢游戏卡，而且有时打翻乱丢的当事人还不是儿童）。按照大富翁的游戏规则，玩家没有方法彼此合作使大家一起受益。这是游戏的设计。同样，在拳击、足球、冰上曲棍球、垒球、篮球、棒球、网球、壁球、下棋、游艇及汽车竞赛、皮纳克尔纸牌游戏（pinochle）、踢方块（儿童游戏），及政党政治中也没有共同受益的方法。在这些游戏中，黄金法则或白银法则完全不适用，甚至黄铜法则也不适合，只可用铁律或锡律。如果我们尊崇黄金法则，为什么我们极少在游戏中教人们恪守黄金法则呢?

经过100万年打打停停的部落生活后，零和模式深入人心，因而我们把任何来往都看成一种竞赛或冲突。核战争（及许多的传统战争）、经济萧条，及对全球环境的攻击都是双输之局（没有赢家）。而像这些对人类最重要的关怀，如爱、友谊、亲情、音乐、艺术，及求知，则都是双赢的游戏。如果我们只知道输-赢的游戏，我们的视野就会过于狭隘，以至陷入危险。

囚徒困境

研究这些事项的科学领域，我们称之为“博弈论”（game theory）。它被广泛地运用在军事战略（术）、贸易策略、企业竞争、限制环境污染，及核战争的计划上。一个典型的游戏是“囚徒困境”（Prisoner's Dilemma）。它绝不是零和游戏。该游戏的结果包括输-赢、赢-赢、输-输3种。在这类问题上，“圣书”可以给我们的提示或洞见很少。这完全是一种实用的游戏。

囚徒困境的问题如下：假设你和你的朋友因犯下重罪而双双被捕。就游戏而言，你和你的朋友到底有没有犯罪不是问题所在。最重要的是，警察认为你们犯下了重罪。你们两人在可以商讨串供之前，就被隔离在不同的房间内接受审问。在那里，他们不顾及你的米兰达权利[①]，就开始审问，想要你招供。就如在真实世界中有时警察会做的一样，他们告诉你，你的朋友已经招供了，说你是主谋（这是什么朋友？）。警察说的可能是真话，也可能在说谎。你有两种选择：声明没有犯罪（不认罪）或俯首认罪。如果你想要被判最轻的刑，那么最好的策略是什么？

以下是可能的后果：

如果你否认犯下这项重大罪行，你的朋友也矢口否认，则这个案子就缺少人证，因此不容易证明两个人都有罪。因此即使有惩罚，惩罚也会很轻。如果你招认了，你的朋友也招认了，那么政府花在这案子上的费用会很少。因此，法官可能给你们两人都判轻刑，但还是会比你们两人都否认的重一些。

---

① 米兰达权利（Miranda rights），美国警察抓到疑犯，要扣押时，要先把他可以不说话的权利念一遍给他听。如果不念，就不能判他有罪。内容如下：“你有权保持沉默，但你所说的每一句话都可能在法庭上作为指控你的不利证据。”

可是如果你声称无罪，而你的朋友招认了，政府可能给你判最重的刑，而你的朋友则会被判轻刑或无罪开释。嗯！你可能被出卖了，在博弈论中，将其称为“背叛”（defection）。而如果你和你的朋友共同“合作”（cooperate）——两人都不认罪（或都认罪），你们就可逃避最坏的惩罚。如果出于安全考虑，你是否愿意接受一个不重不轻的惩罚，选择招认呢？这么一来，如果你的朋友不认罪而你认了，算他倒霉，你可能会因此躲过牢狱之灾。

当你把事情想个透彻后，你就知道，不论你的朋友怎么做，你最好的策略是背叛而不是合作。最使人生气的是，这结论也可用在你的朋友身上。但如果你们二人都采用背叛策略，则后果会比两人合作更坏。这就是囚徒困境。

让相同的参与者，再玩一次囚徒困境游戏。从上一次的游戏惩罚中，他们知道了对方怎样招供（有罪或无罪）。他们从上一次的游戏中学到了对方的策略（及性格）。他们会不会在第二次的时候学会合作，即双方都否认有罪，即使告密的报酬更大？

看了上一回的游戏结果后，你可以尝试选择合作或背叛。如果你合作太多了，对方就可能利用你的善良天性。如果你背叛过多，你的朋友也会经常背叛你，而这对双方都不利。你知道你的对手对你以往的背叛记录知之甚详。怎样最好地选择背叛和合作？就如大自然界中的其他规律一样，这就变成了一个可以用实验研究的问题。

以牙还牙：合作跟进

密歇根大学社会学者罗伯特·阿克塞尔罗（Robert Axelrod）写了一

本相当出色的书《合作的演变》（*The Evolution of Cooperation*）。在书中，他探讨了囚徒困境的问题，他用计算机去模拟一个持续不断的多游戏者循环赛。不同的行为法则正面对垒，最后看谁是赢家（谁的总累积坐牢期最短）。最简单的策略也许是一直合作，不管对方怎样对你；或一直背叛，不管从合作中可以累积多少的益处。这两种方法就是黄金法则和铁律。结果是这两个策略总是输家，前者输的原因是太仁慈，后者输的原因则是太无情。如果对背叛的惩罚不够快，你也会成为输家——部分原因是这样做就在暗示对方不合作也能赢。黄金法则非但是不成功的策略，对其他的游戏者也是危险的。因为其他的游戏者在短期中可能赢，可是长期下去会被利用者消灭。

是不是你应当最先选择背叛，等到与你的对手合作一次后，你就一直采取合作策略呢？或者，是不是你应当先与对手合作，等到你的对手背叛一次后，你就一直采取背叛策略呢？这个策略也失败了。和运动不同，你不能老是想着你的对手会打败你。

在这种循环竞赛中，最有效的策略是以牙还牙。很简单：你先合作，然后在接下来的游戏中你的对手做什么，你也跟着做什么。你惩罚背叛者，可是一旦你的对手合作了，你就既往不咎，也随之合作。在这游戏中，起初收获平平，可随着比赛的进行，其他过度仁慈或过度无情的策略都会失败，而这个采行中间路线的策略就会脱颖而出。唯一要记住的就是，第一步一定要仁慈。以牙还牙就是黄铜法则。它（在第二步）对合作给出及时的奖励，对背叛给出及时的惩罚。它的最大好处是让你的对手清楚地知道，你用的是什么策略（不明确的模糊策略是致命的）。

游戏规则建议

黄金法则	你们想要人怎样待你们，你们也要怎样待人。
白银法则	己所不欲，勿施于人。
黄铜法则	以其人之道，还治其人之身。（以眼还眼，以牙还牙）
铁　　律	只要没被处罚，你就可以为所欲为。
以牙还牙	先同对方合作，然后再用黄铜法则的以眼还眼，以牙还牙。

如果有好几个游戏者都用以牙还牙的策略，他们的分数会一起上来。想要成功，以牙还牙的策略家一定要找到愿意以相同策略回报的对手，那么他们就可以合作。在最初几个回合中，有些使用黄铜法则的出人意料地赢了，因此有些玩家觉得这策略太仁慈了。在下一回合中，他们尝试去多用些背叛来利用对方的仁慈。可是，毫无例外，他们后来都输了。即使有经验的策略谋士都低估了宽恕及和解的力量。以牙还牙应用了好和坏的癖性：最初的友好态度，宽恕的意愿，以及毫无顾忌的报复。

类似的现象在动物界中俯拾皆是，尤其是在最接近我们的亲戚——人猿的社会中，目前这方面的研究也进行得非常不错。生物学家罗伯特·泰弗士（Robert Trivers）把这种现象称为“报答性利他主义”（reciprocal altruism）。动物们互相施恩，希望对方会回报——虽然不是每一次都有回报，不过回报次数已足够对施恩者有利。这绝不是一种一成不变的道德策略，而且普遍存在。因此没有必要去争论这些法则的来源，如黄金法则、白银法则、黄铜法则、以牙还牙，也不必分辨《利未记》中道德规范的优先顺位。这些道德规范也都不是得到上帝启示的立法者所发明出来的。它们的源头深深地埋藏在我们过去的进化过程中。在我们还不是人类时，它们已经和我们祖先共存了。

囚徒困境是一个很简单的游戏，真实的世界要复杂得多。我的父亲给了那个铅笔贩子一个苹果，他是否可能收到一个苹果的回报？当然不是从这个铅笔贩子手中，我们以后可能不会再看到他。可是，普遍慈善工作是不是会使经济复苏，因而使我的父亲得到加薪？或者我们给这个铅笔贩子一个苹果是为了在情感上得到愉悦的回报，而不是金钱上的？还有，和囚徒困境不同的是，人类及国家相互交流的时候，已经有了预先设定的、传统的或是文化上的特点。

可是在这个不复杂的囚徒困境循环游戏中，中心教训是：要表态明确；妒忌心招致自我挫败；长期利益比短期利益更重要；暴政及做代罪羔羊的危险性；特别是，要把在生活中应遵行哪些法则看成可以研究的问题。博弈理论也告诉我们，渊博的历史知识是生存的关键工具之一。

第十七章

葛底斯堡与现在[①]

这次演讲是在1988年7月3日，葛底斯堡战役[②] 125周年纪念日，于葛底斯堡古战场上，向约3万名听众发表的。时值每25年举行一次的永明之光和平纪念碑大会。葛底斯堡古战场在宾夕法尼亚州中南部，现为葛底斯堡国家军事公园（葛底斯堡城辖区）。每隔25年，就在葛底斯堡的和平纪念碑举行一次纪念礼。过去的参与演讲的有威尔逊、富兰克林、罗斯福及艾森豪威尔总统等。

威廉·萨菲尔（William Safire）

摘自《倾听：历史上的伟大演说》

（*Lend Me Your Ears: Speeches in History*，1992年）

---

① 和安·杜鲁扬共著。入选本书时稍有更改以符合当下的局势。

② 葛底斯堡战役于1863年7月发生，是美国内战中最剧烈也具最决定性的一场主力战。战役结束后，美国各地决定在此地举行纪念追悼会，追悼南北军战死者。当时，林肯总统刚好经过此处，主办追悼会的人出于礼貌，邀请林肯总统演讲，但由于事先已经邀请了另一名雄辩家演讲，因此林肯总统尽量缩短了演讲时间。林肯总统准备了3分钟的演讲词。现在已经很少有人记得这名雄辩家是谁，他说了什么，可是林肯总统在3分钟的演讲中，精要地阐明了美国民主自由平等的要旨，这篇演讲稿是美国中小学生必读的文章。葛底斯堡演说成为美国前总统林肯最著名的演说，也是美国历史上为人引用最多之演说。

5.1万人在此地伤亡，他们是我们的祖先，我们的同胞兄弟。这是一场全面工业化的战争，使用机械化制造的武器，用铁路运送战士及物资。这是全面显示新时代——我们的时代——快要降临的启示。这是一个技术屈服于军事目的，可能造成恶果的恫吓。在这里用了最新发明的斯宾塞步枪——在葛底斯堡战役前，冲突的开端还是始于波多马克的陆军用载人热气球去侦察联盟军在拉帕汉诺克河（Rappahannock River）对面的行动。这个气球就是空军、战略轰炸机，及侦察卫星的前驱。

在为时3日的激战中，双方共动用了数百门大炮。它们威力如何？那时的战况怎样？这里有一名目击者的报告。他是威斯康星州的弗兰克·哈斯克尔（Frank Haskel），葛底斯堡战役北军的一员。在他写给他母亲的信中，他描述了一个梦魇似的、炮弹横飞的战争：

> 通常在炮弹爆炸前，我们看不到它，可是，有时候当我们面向敌人阵营往上看时，伴随着从头上飞过的长长呼啸声，我们会看到炮弹正朝我们接近。对我而言，这炮弹的行经路线似乎是触手可及的，终点是一个黑球，眼睛看得分明，就如耳朵听到的呼啸声一样清晰。炮弹似乎有一瞬间的停留，就那么挂在空中，然后突然就消失在一团火烟及爆炸声中……在离我们约10米的小灌木林中，炮弹爆炸了。有几名传令兵牵着马坐在那里，两个人和一匹马当场就死了。

10亿倍的杀伤力

这是葛底斯堡役的典型场景。类似的景象重复发生了数千次。这些炮弹就是从这座纪念公园到处林立的大炮遗迹中发射出来的。它们的射程最多不过数千米。最威猛的大炮发射出的炮弹炸药能量，最多不过10千克——约为1吨的三硝基甲苯炸药（TNT）1%的能量。炮弹的爆炸威力可以杀死几个人。

可是80年后，第二次世界大战所使用的最具威力的化学炸弹叫作街区摧毁者（blockbuster），因为它可以把整条街都炸成废墟。这种街区摧毁者的爆炸威力约相当于10吨三硝基甲苯炸药，比葛底斯堡战役中威力最大的炮弹强大1000倍，可以由飞机载行数百千米后扔下。一枚街区摧毁者可以杀死数十人。

在第二次世界大战即将结束时，美国使用了第一批原子弹摧毁了两座日本城市。原子弹可以用飞机载行数千里后扔下。每枚这种武器的爆炸威力相当于1万吨的三硝基甲苯炸药，足以杀死数十万人。这只不过是一枚炸弹而已。

数年后，美国和苏联制造出了第一颗氢弹。此类武器的爆炸威力相当于1000万吨的三硝基甲苯炸药，足以杀死数百万人。这也只不过是一枚炸弹而已。我们还可以将此战略性武器送到这个行星上的任何地方。现在，世界上的任何地方都可能是战场。

技术上的每一次胜利都会把大规模杀人的技能增强1000倍。从葛底斯堡到街区摧毁者，炸弹的爆炸威力大了1000倍；从街区摧毁者到原子弹，又大了1000倍；从原子弹到氢弹，又是1000倍。1000乘1000乘1000就是10亿，不到1个世纪，我们把最恐怖的武器的致死力量增强了10亿倍。可是，我们的聪明程度从葛底斯堡到现在，未随之增加10亿倍。

引爆核武器，无人幸存

对于我们现在获得的大规模杀人技术，在这里死去的英魂只能沉默以对。今日，美国和苏联在我们居住的行星上布下了6万枚核武器。6万枚核武器！毫无疑问，即使只使用一小部分这种战略武器，也足够完全毁灭这两个竞赛中的超级强国，很可能也毁灭了全球文化，甚至是人类物种。没有一个国家或个人应该拥有这么强大的威力。我们把这种（《圣经》中）启示录型的武器放在全球各处，还替自己辩护说，这样可以使我们更安全一些。我们做了一场愚蠢的交易。

死于葛底斯堡战役的5.1万人中，包括联盟军1/3的军力和联邦军1/4军力。所有的死者，除了一两人，都是军人。最著名的平民死者是珍妮·韦德（Jennie Wade）[①]。当时，她正在烤面包，突然一枚流弹穿过了两扇门将其打死。可是在全球性的核战争中，几乎所有的死伤者将会是平民——不分男女老幼，也包括了绝大多数其他国家的人民。这些人和引爆战争的争端全然无关，这些国家都远离北半球中纬度“目标区”，会有几十亿的珍妮·韦德。世界上的每个人都处在危险中。

在华盛顿，有一座纪念碑，纪念的是在一场东南亚战争（越战）中死去的美国人。约有5.8万名美国人死在当地，和葛底斯堡战役的死亡数字相去不远（就如我们经常刻意遗忘的一样，我也忽略了，在这场战争中有100万~200万越南人、老挝人及柬埔寨人死亡）。想一下那黑暗、忧郁、美丽、动人，及令人伤感的纪念碑吧。想一下它有多长，实际上不比一条街长多少，可是上面密密麻麻地刻着5.8万个名字。想象一下，如果我们真的愚蠢到或者粗心大意到引发了核战，并

① 她是唯一直接死于战争的平民，她的房屋现在成为博物馆和旅游景点，称为珍妮·韦德故居。

在战后也如法炮制去造一个类似的纪念碑，则这座纪念碑会有多长才能把每一个死于核战的死者姓名铭刻在上面？大约有1600千米长吧，可以从宾夕法尼亚州一直绵延到密西西比州（美国最南的一州）。但是，没有人会去造的，因为已经没有人了，而且还有多少幸存者会去念这些名字呢？

我们会犯错，我们会杀死自己

1945年，第二次世界大战刚结束，美国和苏联已然是两个全球无敌的超级强国。美国的东西两岸都有无法穿越的浩瀚海洋，南北交界处都是友善的邻国，还有效率最高的军队和当时全球最强的经济。我们无所畏惧。可是我们造了核弹和发射系统。我们开了头，与苏联进行军备竞赛。我们准备就绪，但现在所有美国人民的生命都操纵在苏联领袖的手中。即使在今日，在“冷战”后的苏联，如果莫斯科决定要我们死，20分钟后我们都会死。几乎同样，1945年苏联有规模最大的常备军，而当时并没有任何明显的军事威胁，以至于需要建立如此庞大的军队。苏联也加入了和美国的军备竞赛，因此每一个苏联人的生死也都交由美国的领袖来决定。如果华盛顿决定要他们死，20分钟后他们也会全部死去。美国人民和苏联人民的生命都被对方操纵，因此我说我们做了一场愚蠢的交易。我们——美国人、苏联人——花了43年的时间，以巨额的国家财富，买来了使我们大家在瞬间死亡的危险。因为我们是以“爱国”及“国家安全”之名在做，所以没有人胆敢质问为什么要这么做。

在葛底斯堡战役的前两个月，1863年5月3日，联盟军打了一次胜仗，就是钱斯勒维尔（Chancellorsville，弗吉尼亚州东北部的一个小城市）之役。在战胜后一个月光皎洁的夜晚，“石墙”杰克逊（Stonewall Jackson）将军和他的幕僚们，在回联盟军的地盘时，被误认为是联邦军的骑兵而遭狙击，身中两弹而死。

我们会犯错，我们会杀死自己。

有人声称，因为至今尚未发生过核战争，所以我们现有的核战争预防措施是非常周全的。可是就在3年前，我们目睹了航天飞机挑战者号出事和切诺贝利核电站的意外事件（见第十四章）——这两个高科技系统，一个是美国的，一个是苏联的，两国都投注了大量心血。我们有迫切的理由阻止这些意外灾难的发生。在出事前1年，双方国家的有关官员都非常自信地保证，这类意外绝不会发生。我们不必担心的原因是，专家绝不会让这种意外发生。我们学到的教训是，这类保证不值一提。

我们会犯错，我们会杀死自己。

这是个曾出现过希特勒的世纪，这就是疯子可以抢得现代工业社会国家政权的证据——如果他们想要这样做的话。如果我们对一个有近6万枚核武器的世界感到满意的话，就等于我们愿意把我们的生命当作赌注，赌现在及未来的国家领袖们——美国的、苏联的、英国的、法国的、中国的、以色列的、印度的、巴基斯坦的、南非的，任何有核武器的国家领袖们——绝不会弃最谨慎的安全底线于不顾。我们赌的是，即使这些国家的领袖们——所有现在及在任何时代的领导者——在面临个人危机或国家危机，他们的心智都还健全、神智也都清楚。但这可能吗？

我们会犯错，我们会杀死自己。

“冷战”的代价

核武器竞赛和伴随而来的“冷战”都是有代价的。它们不是免费的。除了拿走民用经济中庞大的财政预算及许多人才，除了让我们生活在达摩克利斯之剑[①]阴影下，“冷战”的代价还有什么？

“冷战”自1946年开始，到1989年结束，美国在与苏联的全球敌对上一共花了（1989年的美元值）10万亿美元。这些钱中有1/3是在里根时代花的，在他的总统任期内，累积的国债超出所有以前总统任期（包括建国的华盛顿总统）内累积起来的国债。在“冷战”开始时，在各项重大议题上，几乎没有国家敢动或能动美国一根毫毛。今日，在花了这么多国库预算后，美国几乎处于瞬时可被消灭的危险中（即使是在冷战后）。

如果有一个商业机构，这么不顾一切地浪费它的资本，而只回收这么少的效益，早就宣布破产了。辨认不出如此明显的政策失败的主管们，早已被股东们联合起来赶下台了。如果不用在“冷战”上，美国能怎么应用这些钱呢？（当然，在应有的军备上面我们要花钱，但只花一半行不行？）只要精打细算地花比5万亿美元多一点的钱，我们就能消灭饥饿、使无家可归者有家、消灭传染病、消除文盲、消除无知及贫困，以及保护环境——不仅在美国能做到这些，在全球都可以做到。我们可以协助这颗行星上的农业，使其能自给自足，从而消除许多战争和

① 希腊古叙拉古（在意大利西西里岛东部）有位僭主狄奥尼修斯二世（Dionysius）。达摩克利斯（Damocles）是他的谄臣，常常向狄奥尼修斯二世进献美言，说狄奥尼修斯二世有多幸福。有一日，狄奥尼修斯二世宴请达摩克利斯，正在欢饮丰食时，达摩克利斯朝天花板看去，只见一支利剑被一丝头发系在天花板上，正悬在他的头上，因而大惊失色，颤抖不已。达摩克利斯大笑，说做国王的天天就提心吊胆为自己的生命发愁。以后就用达摩克利斯之剑来比喻幸福中隐藏的危险。

暴力的起因。在做这些事的同时，美国的经济也会受益良多。我们可以减少国债。用比这数目1%还少的钱，就可以召集各国开展一些去火星探险的长期国际计划。用这么一小笔的钱就可以支持艺术建筑方面的人类精英进行创作，并扩大医药及科学的研究领域。科技和商业也会获得意想不到的机会。

我们花这么多的钱在战争的准备和器材上，是否为明智之举？我们今日花在军备上的钱仍依循着“冷战”时期的预算水平。我们做了一场愚蠢的交易。我们把自己和苏联锁在一起，至死方休，每一方都会被对方的重大恶行挤压得更紧一点；我们几乎一直只顾眼前利益——只看到下一届的国会或总统选举，下一次的政党大会——几乎看不到更大的远景。

和葛底斯堡有密切关系的德怀特·艾森豪威尔（Dwight Eisenhower）说过：“国家军费需要考虑的是，如何决定花的钱不会多到毁灭自己，也不会少到能让别人毁灭你。”我认为我们花得太多了。

限武与裁军并进

我们怎样才能从这一团糟的局面中逃出来？一份全面禁止核武器的试爆协定可以阻止未来的所有核武器实验——核武器实验是双方核武器竞赛的最大推动力。我们应当放弃昂贵到令人破产的星际大战计划（见第一章）。在核战争中，该计划不能保护平民，它对国家的安全，只减不增。如果我们要加强抵御威胁，有更好的方法。我们需要协定大规模的、安全的、双边的、深入内部的检查，检视美国、苏联及其他国家是否真的都减少了战略性及战术性的核武器（最近的两份限武协定，INF及START只是小小的起步，但都是方向正确的一步）。这才是我们该做的事。

相较之下，核武器的花费还是比较少的。最大的费用一向是花在传统的军力上。俄罗斯和美国在欧洲都已开始大规模地裁减传统军力。美国也开始裁减在日本、韩国，及其他能自卫的国家中驻守的军力。这种传统兵力的减裁有利于和平，也有助于美国经济的健全。我们应当同俄罗斯在这条路上携手并进。

全世界花费在军备上的总额约为1万亿美元，大都是花在传统的军力上。美国和俄罗斯都是世界上领先的军火商。全球之所以付出如此庞大军费，只是因为各国无法与他们的敌人走上和解的道路（有些国家要花这么多钱在军费上的原因则是他们要压制和恐吓他们自己的人民）。这1万亿美元的钱来自从穷人嘴中抢走的食物。它削弱了经济成长的潜力，是种可耻的浪费，我们不应当鼓励这种花费。

是时候从战死在这里的人中吸取教训。是时候采取行动了。

全球的共同问题

美国内战的部分原因是为了争取自由，我们要把美国革命的成果分享给所有的美国人，使悲哀的没有完全做到的诺言——“给所有的人自由及正义”（来自美国《独立宣言》），能在每个人的身上实现。目前，一般大众都对历史的种种面貌缺少认识及关心。我很关心这点。今天，为自由而战的战士不再穿戴当时流行的三角帽，也不吹横笛或击鼓。今天，他们穿不同的制服。他们可能说不同的语言。他们可能信仰其他的宗教。他们的肤色可能不同。可是如果只有我们自己的自由才能使我们行动，自由的信念就毫无意义了。许多在各处的人在呼喊：“没有代表就不能抽税！”而在约旦河西岸（以色列统治区），在东欧或中美，越来越多的人呼喊："不自由，毋宁死！"为什么我们听不见他们的呼救？我们美国人有强而有力的非暴力方法引导世人走向自由。为什么我们不用这些方法？

美国内战的最大动机是保存联邦组织：在不同分歧意见下组成的联邦。100万年前，这颗行星上没有国家，也没有部落。居住在这里的人类组织成七零八落的小型家庭团体，每户约数十人。我们不停流浪。一个居无定所的"家庭"就是我们的身份认同，自那时候起，我们的"家庭"变大了。从十来人的狩猎采集生活进步到部落，到游牧部落，到小型的城邦，到一个民族，到现在的由不同民族组成的国家。今日，每个人都是某国的公民，平均约1亿的人互表忠诚。看起来趋势很明显：如果我们不会提前毁灭自己的话，不久每个人的"家庭"就扩大到地球这个行星和人类这个物种了。对我而言，这引出了一个（物种的）生存问题：我们每个人认同的"家庭"是否会扩大到整个地球，还是在这以前我们就被自己毁灭？我怕的是，这件事的发生就近在咫尺。

在美国，身份认同在125年前被扩大了，南方和北方、黑人和白人都付出了极大的代价。可是我们认为这次身份认同的扩大是合乎正义的行动。今天，有一个迫切的实际需求，就是全球各国必须共同合作来控制武器，共同发展世界经济，及共同保护全球环境。显然，全球各国是一个命运共同体，同盛同衰。这不是一个国家赢另一个国家输的问题。我们一定要互助，不然就一起灭亡。

是走向和解的时候了

在今天的集会中，我照例要引用一些至理名言——我们都听过这些话，它们都出自一些伟大的先生女士之口。我们听过，可是我们往往不是很专注地在听。让我引用一句话，就是林肯站在离我不远的地方说的："对任何人都不要心怀恶意，对所有的人都要有博爱之心……"（摘自《林肯葛底斯堡演说》）想一下这句话的意思，这就是我们对自己的冀望。不仅是因为伦理概念要求我们这么做，为了我们的生存也必须这么做。

还有一句："一个分裂的房子不能屹立不倒。"让我把这句话稍微改一下："一个分裂的种族不能屹立不倒。"几分钟以后，我们将再次在永明之光和平纪念碑前进行纪念活动，永明之光将再次点亮。这座纪念碑上铭刻了一句动人的话："一个团结在一起的世界正在寻找和平。"

我认为葛底斯堡战役的真正胜利不在1863年，而在1913年。幸存的退伍军人、敌对势力的残兵余将、蓝灰（内战时双方军队的制服色）阵营的士兵，都一起来参加这个庄严肃穆的纪念会。这是一场把兄弟变成敌人的战争。可是当50周年纪念会要他们回忆昔日点滴时，这些幸存者不分敌我，纷纷倒卧在彼此的臂膀中，抱头大哭起来。他们无法控制自己。

我们是时候急起直追，仿效他们了——北大西洋公约组织（NATO）和华沙公约组织（Warsaw Pact）、泰米尔人同锡兰人、以色列人同巴勒斯坦人、白人同黑人、图西族人同胡图族人、美国人同中国人、波斯尼亚人同塞尔维亚人、联邦党同阿尔斯特统一党（北爱尔兰反对派），以及发达国家同发展中国家都应效仿。

我们需要的不只是周年纪念日的感触、应景节日的虔敬，或爱国主义。该从牺牲在这里的英雄身上吸取教训了。我们面临的挑战是和解，不是屠杀及大规模谋杀，是时候倒在彼此臂膀中了。

是时候采取行动了。

最近的事

以某种程度而言，我们已经在做了。自从演讲后，我们美国人，我们俄罗斯人，我们人类已经大规模地裁减了核武器及发射系统的数量——可是还称不上安全。我们似乎快有一份完全停止核试验的协定了——可是，装置及输送核武器弹头的技术已经扩散到许多国家去了。

这种情况常被人称为“以祸换祸”，本质上没有什么改善。可是十来枚的核武器当然是灾祸，也能造成严重的人类悲剧，但与美国和苏联在冷战最高峰时累积起来的6万~7万枚核武器相比，算是小巫见大巫。6万~7万枚的核武器可以毁灭全球的文化，甚至整个人类物种。在可见的未来，朝鲜、伊拉克、印度或巴基斯坦能累积的核武器绝不会有这么多。

另一个极端的想法就是美国政治领袖的自夸，说是没有一个俄罗斯的核武器导航系统指向美国的城市或人民。这也许是真的，可是要把新的目标区输入导航计算机系统中，只是15~20分钟的事。美国和俄罗斯都还有不少核武器及发射系统。这就是为什么我在本书中始终坚持核武器仍是我们最大的威胁——虽然在人类的安全方面已有实质的，甚至令人震惊的改进，但这种改进可以在一夜之间完全逆转。

1993年1月，有130个国家于巴黎签订了关于化学武器的协定。在协商20年后，这个世界宣布它已经准备好要禁用这些大规模杀人的武器。可是在我写这篇文章的时候，美俄尚未在条约上签字。我们在等什么？同时，俄罗斯也尚未在START Ⅱ的条约上签字。该条约要求把美俄的战略性核武再减少50%，减到每一方只能拥有3500枚核弹头。

自冷战结束以来，美国的军费已逐渐减少——可是只减少了15%~20%，而被缩减的军费几乎未有效地运用到民间经济上。苏联已解体，而苏联统辖下的地区还普遍处于穷困处境，政治上也不稳定，这使人们对全球的未来感到困惑。在东欧，民主被形式最坏的资本主义歪曲了。身份认同在欧洲开始扩大，可是在美国和苏联，反而减少了。北爱尔兰、以色列和巴勒斯坦的和解已有进展，可是仍受恐怖分子的威胁。

有人告诉我们，要平衡预算，美国联邦政府的预算还要减少。可是很奇怪，一个在联邦预算中占很大的百分比，远比政府中可支配预算要大得多的预算却不能减少。这就是军事预算的2640亿美元（相比之下，所有民用科学及太空计划预算只有170亿美元）。而如果把一切潜藏的军事及情报机关的预算都算进去，军事的预算还要更大。

苏联已经解体，美国要这么大的军费预算干什么？俄罗斯的军费约为300亿美元。伊朗、伊拉克、朝鲜、利比亚和古巴的军事预算全部加起来也不过270亿美元。美国花在军事上的钱比起这些国家的军费总额多出3倍。美国的军费占全世界总军费的40%。

1995年，克林顿总统的军事预算要比20年前，也就是尼克松总统任期内的“冷战”巅峰时期的军事预算多出300亿美元。如果采用共和党（现为多数党）的提议，至2000年，军事预算按美元通货实值（算入通货膨胀的货币值）计算，要再增加50%。然而，民主党和共和党两党中未出现有力的声音反对这样的增加——即使正在计划减少保护社会弱者的安全网的预算之际[①]，也没人反对。

我们吝啬鬼似的国会一面对军事预算审查，就变成挥金如土的浪

① 作者指的是最近美国在救济金政策上面的重大改革。以前只要是贫困的人就可以申请救济金，结果造成了一批不肯做事的寄生虫，大部分都是单身母亲（被丈夫遗弃，或未婚生子，或少女怀孕等）。这些人的后代往往沿袭母亲的生活方式，一代一代地继续领取救济金，成为严重的社会问题。最近，美国立法者修改了救济金法令，除了残障等特殊情形外，一人一生中最多只能领5年救济金。可是在立法初期，有许多没考虑到的地方，把该由政府救济的人（如天生残障，或大脑功能有问题的人）也排除在外。作者说的安全网指的就是对这类人的救济。

子，主动向国防部提供数十亿美元。最可能成为核武器输送系统的是极忙碌的港口，利用货船或不经检查的外交公文箱，将核武器走私入美国。国会施以强大压力，敦促联邦政府建造以太空为基地的拦截导弹设备，以保护美国不被流氓国家根本不存在的洲际导弹攻击，并提出一个荒谬的23亿美元回扣计划，以帮助一些国家购买美国制造的军火。国家把纳税者的钱交给美国航天公司，使它们能收购其他的美国航天公司。每年还会花1000亿的钱去协助西欧、日本、韩国，及其他国家——这些国家的贸易平衡几乎都比美国更健全。我们现在准备无限期地在西欧驻军10万人，可这是要防卫谁的进攻呢？

同时，用来清理军事的核废料及化学污染的数千亿美元，就留给我们的后代子孙去解决了，我们似乎对这些废料及污染一点都不在乎。我们似乎很难理解国家的安全问题不是花钱的问题，国家的安全应该是一个比花钱还要更微妙、更深奥的问题。尽管有人声称军事预算已被“削减入骨”了，但在我们居住的世界中，比起其他的预算，它是一块肥嘟嘟的五花肉。为什么我们国家的安宁福利所依赖的一切正面临被其他问题彻底摧毁的危险，军事预算还是那么神圣不可侵犯？

我们还有很多事未做，但现在做还来得及。

第十八章

20世纪的三大创新

要理解上帝作品的普遍之美及无瑕的完整性，我们一定要认识到宇宙中某种永恒的、极其自由的进程……总有些事物在深渊中沉睡，等着被唤醒的那一刻。

戈特弗里德·威廉·莱布尼茨

（Gottfried Wilhelm Leibniz）

《论事物的终极起源》

（*On the Ultimate origination of Things*，1697年）

社会永远不会进步。它在某方面进步，就在另一方面退步。它持续不断地改变着——它是野蛮的，它是文明的，它是基督化的，它是科学化的。可是……每给一物，它就回收一物。

拉尔夫·沃尔多·爱默生（Ralph Waldo Emerson）①

《自立》，摘自《爱默生散文集：系列一》

（*Essays: First Series*，1841年）

① 爱默生（1803—1882），美国著名散文家、诗人。他一生主张接触自然。在美国成名的中国作者林语堂认为爱默生的思想和老子的很相近。这几句铭词就带了老庄哲学的意味。

人们会记得20世纪中的三大创新：前所未有的技术手段维持生命，延长寿命，并提升人类生活质量；前所未见的大规模屠杀人类的方法，包括有史以来第一次使全球文化都处于消亡的危机中的方法；对宇宙和我们自己的空前认识。科学和技术带来了这些发展，可是它们也是一把双刃刀。

维持生命，延长寿命，并提升人类生活质量

直到1万年以前，人类才开始从事农业，并驯服野生动物作为家畜或家禽。在这以前，人类食物的来源仅限于狩猎所得及在自然环境中生长的蔬果。可是，天然蔬果稀少，估计最多只能养活全球1000万的人口。而至20世纪末，世界人口已达60亿之众。也就是说，99.9%的我们赖以为生的是农业，及用于现代农业的基本科学和技术——如：动植物遗传学及行为科学、化学肥料、杀虫剂、防腐剂、犁、联合收割打谷机、其他的农业工具、灌溉设备和冷藏设备（卡车中、铁路货车中、店里及家用的种种冷藏机械）。许多令人惊奇的农业进展——包括“绿色革命”（第二章）——都是20世纪的产品。

由于城市及乡村卫生设备、清洁饮用水、公共卫生措施的普及，以及在遗传学及分子生物学等方面取得的重大进展，医学已大幅提高全球人类健康水平——在发达国家尤为显著。天花已从地球上消失，世界上有疟疾的地区越来越少，我记得的小时候听说的某些疾病，如百日咳、猩红热、小儿麻痹症，都几乎绝迹了。20世纪最重要的发明是相对便宜的生育控制方法（避孕）——有史以来第一次可以让女性安全地控制生育能力，因而解放了一半的人口。控制生育的方法可以在不压抑性活

动的情况下，减缓可怕的人口增长速度。可是，化学物质和辐射也引发了新的疾病，成为癌症的可能肇因。全球烟草使用量大幅增加，估计每年导致300万人死亡（这些死亡都是可以避免的）。根据世界卫生组织（World Health Organization）的估计，至2020年，每年因使用烟草而死亡的人数将达1000万人。

可是技术给我们的比从我们这里拿走的要多。最明显的迹象就是长寿。1901年时，美国及欧洲的平均寿命是45岁，今日已接近80岁，女性的平均寿命又较男性长。平均寿命也许是度量生活质量最有效的单项指标：毕竟如果你死了，你的生活想来也不会太好。这都是好的一面，我也要在此提及，在我们居住的行星上，每天有10亿人吃不饱，有4万名儿童夭折。

通过无线电、电视、唱片机、磁带、光盘、电话、传真机，及计算机信息网络，科技已大幅改变了流行文化的面貌，使得全球娱乐产业、不对任何一个国家效忠的跨国公司，和兴趣相投的跨国团体组织等都出现在众人眼前，并能直接和其他文化的政治及宗教接触。在这一过程中我们也看到了传真、电话及计算机网络在政治动乱时期产生的强大威力。

20世纪40年代，第一次出现以大众市场为目标的廉价平装书，它们把世界上的文学及伟大思想家的见识，带入了一般大众的生活。即使在平装书的书价直线上升的今日，书市中还是有不少廉价书。阅读能力的普及趋势就是杰斐逊式民主[①]的盟友。从另一方面来说，在20世纪末，

① 指的就是美国式的民主。美国开国元勋杰斐逊在这方面发表的意见最多，也最精练、最有煽动力，主张政府对人民的过问越少越好，这是美国民主的精神。提到民主，不免要引用他的话，因此美国的民主也有时称为杰斐逊式民主。不过，美国史学家认为他不是言行一致的人。例如，他一生都拥有黑人奴隶，死后立下遗嘱把黑奴传给后代。美国国父华盛顿虽然也曾拥有奴隶，可是他在遗嘱中明确表示：在他死后，他拥有的全部奴隶都将获得自由。

人们也仅能读写基本的英语，而且电视的强大诱惑，使得美国人更远离阅读。为了追求利润，电视势必要降低它的节目水平以适应那些水平低的观众——而非提高节目水平以教育和启迪普罗大众。

自从发明了现代省时省力的工具，如回形针、橡皮圈、吹风机、圆珠笔、计算机、录音机、复印机、打蛋器、无线电波炉、真空吸尘器、洗衣机、洗碗机、烘干机、室内及街道照明、汽车、航空工具、各式各样的工具、水力发电厂、生产线制造技术、建造摩天大楼的机械等，20世纪的技术消除了我们生活中的单调和沉闷，给了我们更多的休闲时间，进而提高了许多人的生活质量，也影响了传统生活，使其脱离了1901年流行的常规和传统。

对救助生命的科技应用因国而异。例如，美国婴儿的夭折率最高。在大学中求学的年轻黑人少于在监狱服刑的黑人。黑人服刑的人口比例也是最高的。在常规的数学及科学测试中，同年的中小学生成绩低于许多其他国家。贫富差距越来越大。在过去的15年中，中产阶级衰落的速度也在加快。在所有工业化国家中，美国援助外国的费用占国家收入的比例是最低的，与此同时，高科技工业已逃离美国海岸外迁他国。在20世纪中叶，美国在这些方面领先于其他国家，可是，在20世纪结束之际，美国已经有了衰败的迹象。这些衰败不仅反映了领导阶层的质量下降，也显示出人民独立思考能力的退化，以及对政治运动兴趣的减退。

独裁及军事技术

在20世纪，战争、大规模屠杀，以及消灭全体族群的手段与工具已达到史无前例的水平。在1901年，还没有军事飞机和导弹，威力最大的大炮射程只有数千米之远，最多杀伤10余人。2/3世纪过后，全球已累积了7万枚的核弹，而且有许多已装在战略火箭上，藏在地下导弹发射基地中或潜水艇内。这些导弹几乎可以发射到世界上的每一个角落。一枚核弹的威力大到可以炸毁一整座城市。今日的美国和苏联都陷于痛苦的大规模裁军和减少核弹及输运载具（如火箭等）的数量。即便裁军后，在可预见的未来，我们仍有能力完全毁灭全球文化。更糟的是，世界上许多国家手中拥有极可怕的生物武器。盲目的狂热、自以为是的意识形态，以及疯狂的领导人，不断在20世纪中冒出，使我们无法乐观看待人类的前途。在20世纪，有1.5亿人战死，或被国家领导政权下令处死。

我们的科技威力已变得如此强大，不管有意或无意，我们已经大规模地改变了环境，因而威胁到世界上的许多物种，包括我们自己在内。简言之，我们正对全球环境进行史无前例的实验，还期望不必我们自己动手，这些后果会自动消除。《蒙特利尔议定书》和后来相关的国际协议带来了一线光明，全球的工业国同意逐渐淘汰氟氯碳化合物和其他类似化合物，这些化合物会损害保护我们的臭氧层。可是在减少排放二氧化碳、解决化学物及辐射废料的污染，以及其他问题上，我们的进步仍迟缓得让人沮丧。

民族主义及恐外心理作祟而导致的报复行为，在全球五大洲都有发生。全世界多次发生有意整体消灭某一民族的暴行——最为人所知的是德国纳粹，可是在卢安达、南斯拉夫，及其他地区也都发生过。在人类历史中，这样的行为层出不穷，但只有20世纪的科技才使这类的大规模屠杀成为可能。战略轰炸、导弹，以及远射程大炮都有某种“优点”，即杀人者不必直面这种残酷行为，因而不会问心有愧。在20世纪末，全球的军事预算近1万亿美元。想想看，只要用其中的一小部分，就能替人类做很多好事。

20世纪的重大标志是君主政权和帝国主义的垮台，以及民主政治（至少是名义上）的兴起，同时，也有许多意识形态及军事独裁者的兴起。纳粹有一张清单，上面列出了他们痛斥的团体名称，并决意杀尽这些团体成员：列在单子上的有犹太人、男女同性恋者、社会主义者及共产党员、残障者、非裔人士（在德国几乎不见他们的踪迹）。在“生命至上”（见第十五章）的德国，女性的地位被贬低到只为生儿育女、负责厨事，及上教堂做礼拜（Kinder、Kuche、Kircher，原注）。[①]一个“优秀”的纳粹分子来到美国，会觉得被冒犯了，甚至觉得被冒犯得比在其他国家中更严重，因为相对于其他社会，美国的社会给了这些人——犹太人、非裔后代、同性恋者、残障者、社会主义者（至少在原则上能容纳）——完整的人权，成为工作族的女性数量也不断打破纪录。可是从另一方面来说，美国国会中也只有11%的议员是女性，而不是50%。如果按人口分配，50%才是应有的比例（日本更差，女性议员比例只有2%）。

---

① 澳大利亚的哲学家约翰·派斯摩尔（John Passmore）写了一本书，《人对自然界的责任：生态问题和西方传统》（Man's Responsibility for Nature: Ecological Problems and Western Traditions）。在这本书中，他简述了从创教的早期时代，到宗教改革时代（马丁·路德创立新教之时）的基督教对女性的传统观点。他的结论是：“对女性用Kinder、Kuche，及Kircher的观点不是希特勒的发明，而是一个典型的基督教口号。”托马斯·杰斐逊的教诲是，如果人民没有受过教育，民主是不实用的。杰斐逊认为，不论对人民有多大保证的宪法或者不成文法，对一个权大、势大、财大的，或寡廉鲜耻的人来说，都有一种引诱力去破坏为人民及属于人民的政府的理想。对付这个问题的药方，就是支持表达不为人所喜爱的反对言论、普及教育、独立的实质辩论、全体能独立思考，及对权威者的话抱持怀疑态度——这些都是科学方法的核心。

科学的启示

在20世纪，每门科学都有了惊人的进展。物理的根本基础因狭义和广义相对论及量子力学的发现，而有了革命性的改变。在20世纪，有史以来，我们第一次了解了原子的构造——物质由原子组成，其中心的原子核由质子及中子组成，原子核的外面有电子围绕。我们第一次窥视到了组成质子及中子的夸克。我们也在高能加速器及宇宙射线中看到许多半衰期极短的奇形怪状基本粒子。核裂变和核聚变的发现促进了核武器和核反应堆的发展（这不能不算是功过各半的发明），也使我们看到核聚变反应器的可能。对辐射物质的了解，给了我们一个明确的地球年龄（46亿年），及地球上生物起源的时间（约40亿年前）。

在地球物理方面，发现了板块构造学说（plate tectonics）——地面下层有一组运输带，其上是大洲。这些运输带每年进行约2厘米的漂移行动。板块构造学说帮助我们了解陆地形态的特性及海底的地势。一门新的行星地质学也开始兴起，我们可以应用我们对地球内部及陆地形态特性的知识，去解释其他行星及其卫星的内部和形态的特性。我们有各种方法研究其他行星的岩石特性，用宇宙飞船直接测量，或将其采样送回地球研究，或直接研究来自其他行星的陨石，或间接用遥感方式得到，然后我们可以将这些特性同地球上的岩石特性进行比较。地震学家利用地震探测到了地球内部的构造：在地壳下，有一个半流体的内层，下面是一层成分为铁的液体层，中心有一个固体的核心。如果我们要了解我们行星的起源，我们就需要解释这些构造的成因。现在，我们了解到过去某些生物灭绝的原因，当时有从地底冒出的火烟柱，形成浩瀚的岩浆海，这些岩浆海冷凝后就成为我们现在立足的大洲。其他物种灭绝的原因则是，一颗大彗星或小行星体撞上地球，天空燃起熊熊大火，从而改变了气候。在21世纪中，我们应当列一张彗星及小行星的清单，看一下其中是否有我们地球的标志（如果地球被小行星或彗星轰击，地球的物质也可能被射入太空，成为彗星或小行星体）。

一个值得在科学上大书特书的20世纪大发现，就是揭示了脱氧核糖核酸（DNA）的性质及功能。这个长链分子决定了人类及许多动植物遗传的基因。我们学会了如何读出基因上的遗传编码，我们开始绘制出许多生物的全部遗传基因的排列图案，开始了解这些遗传基因的功能。遗传学家已在进行绘制人类基因组图谱的计划——这个计划完成后，可以带来有益的应用，也可能招致严重的恶果。DNA启示我们，生物的最基本生命过程都是可以用化学及物理的方法来解释。似乎不必引用生命之力、灵魂、鬼魂等这些所谓超自然的灵体来解释神秘的生命。同样，目前的神经生理学知识，让我们了解到，大脑内的思想来自100万亿个左右的神经元和化合物构成的互联网络。

分子生物学允许我们详细比较两个生物物种的基因和分子组合，从而判断物种间的亲戚关系。这些实验证实了地球上所有生物之间的深刻相似性，更进一步证明了进化生物学家以前就发现的生物间的关系。例如，在人和人猿（chimpanzee）的活跃基因中，有99.5%是一样的，因而证明了人猿是最接近人类的物种。我们和人猿有同一个祖先。

在20世纪，做田野研究的科学家第一次同灵长类住在一起，仔细观测它们在自然界中的生活及行为。我们才发现它们也有怜悯心、预测力、伦理、狩猎爱好、游击战术、政治规则、应用和制造工具、音乐、粗浅的民族国家主义，及一大堆以前认为只有人类才拥有的特征。人猿是否有语言能力还是一个处于争论中的问题，可是有一种叫作“波诺波”（bonobo）的倭黑猩猩，能应用数百个符号字块，并能自学应用工具。

最近，化学方面最惊人的发现和生物有关，但我要说一个更普遍的重要发现：对化学键特性的了解。这是一种量子力学的力，决定一个原子和另外一个原子是否可以连接在一起、连接的强度，以及如何连接在一起。科学家也发现了，辐射到（实验室模拟的）的地球及其他行星的原始大气中，可以产生氨基酸及其他生命的基本化学组成物。我们在试管中发现了核酸和其他能自我繁殖及有突变现象的分子。因此，在20世纪中，对生命起源及其过程的认知已经有了显著进步。许多的生物问题可以简化成化学问题，而许多化学问题也可以简化成物理问题。但还没有简化到普遍通行，可是即使只简化了一点点，也给了我们一种能认识宇宙本质的洞察力。

物理和化学，加上世界上最强大的计算机，已经被用来研究地球过去和现在的气候，及地球上大气气流或海流的循环，并被用来估计继续增加大气中的二氧化碳和其他温室气体的含量将在未来造成什么后果。同时，比较容易且已经做到的是，气象卫星已经可以预测数日后的气象，因而每年可以避免数十亿美元的农产品损失。

在20世纪初，天文学家只能透过充满了乱流的大气层观测遥远的世界。20世纪末，在绕地轨道上，已经有了功能强大的大型望远镜，它可在伽马射线、X射线、紫外线、可见光、红外线及无线电波等波段上窥视天体。

在1901年，古列尔莫·马可尼（Guglielmo Marconi）第一次用无线电波实现了从欧洲到美洲的跨越大西洋的广播。我们现在用无线电波和4艘在太阳系已知最远行星之外的宇宙飞船通信，能听到在80亿~100亿光年之外的类星体发出的电磁波——也测到了所谓的宇宙背景辐射，这是宇宙大爆炸时留下的遗波。我们的宇宙就是在这个大爆炸中诞生的。

我们已经发射了实验性的宇宙飞船去70余个地外世界勘探，并在

3颗星球地表上降落。在20世纪，我们看到了如神话般的成就：把12个人送到月球去，再把他们安全地接回来，并带回超过100千克的岩石样品。宇宙飞船上的机器人已经证实，在金星上，由于大规模的温室效应，它的表面温度高达480摄氏度。40亿年前地球和火星气候类似。有机化合物不断地从天上落在土星的卫星泰坦上，就如《圣经·旧约》中提到的吗哪（manna，一种天降的食物）。彗星1/4的成分可能都是有机化合物。

也许科学革命最痛苦的副产品是，击碎了许多我们珍爱及熟悉的观点。以人为中心的舞台被一个冷冰冰的、无垠的、毫无人情的宇宙所替代，人们从世界的中心地位被挤到（对宇宙说来）默默无闻的卑微地位。可是，我看到的是一个不同的景象：我们对宇宙的一种新的自觉正呼之欲出，这是一个远比我们祖先所能想象得到的更为精致、高雅的宇宙。宇宙的一切都可以用自然界中几条简单的定律来说明。那些愿意相信上帝的人，当然可以把这些简单的定律看成自然的根基（神赐）哲理。我个人的观点是，了解真实的宇宙远比假装宇宙就是我们期待的样子好太多了。

我们是否会获得必要的领悟力和智慧来处理20世纪的科学启示，这将是我们在21世纪最深切的挑战。

第十九章

行经死荫的幽谷

是真的，或仅是虚幻？

尤利彼得斯（Euripides）

摘自《伊翁》（*Ion*）

6次面对死神

我曾6次面对死神，但每次死神都将目光转开，让我与他擦肩而过。当然，死神终究不会放我走的——死神不会放过我们之中任何一个人，只是什么时间死和怎样死的问题而已。在与死神相遇期间，我学到了许多——特别是生命之美和带着甜蜜的残酷、家庭及友情的珍贵，以及爱情能改变人和事物的力量。事实上，我向大家推荐，濒临死亡是一种如此积极正面的经验，它协助我们重塑性格——当然，我不是要推荐那无法避免的死亡风险。

我当然想要相信，我死后会复生，能继续思考、感受，以及回忆往事等。可是，尽管我想相信真有这回事，尽管从古至今全球传统文化都声称死后有另一种生命存在，但我知道这些想法或声明不过是我们的一厢情愿，没有任何可信的证据。

我想与我深爱的妻子——安，白头偕老。我想看着我的儿女长大，想在他们性格和智力成长时能在旁指引。我想见见那些还未孕育的孙儿孙女。我想看看我期待已久的科学研究未来的样子，比如前往我们太阳系中的许多世界探险，寻找地球之外的生命。我想知道人类历史上的重大趋势，不论是鼓舞人心的还是令人悲痛的，是如何变化发展的：科技带来的希望和危险；妇女的解放；在政治、经济和科技方面不断成长的中国；当然，还有星际航行。

如果死后真有来生，则不论我何时死去，我绝大多数的好奇及期望都将获得满足。如果死亡只是一个不会醒来的无梦长眠，那么剩下的就都是无法实现的妄想。也许就是这种想法给了我一些额外的求生欲。

世界何等美妙，有这么多的爱及深邃的伦理道德，我们实在没有理由去编造那些没有实据的美丽谎言来欺骗自己。我认为比自欺更好的方法是直视死神的双眼，每日感谢生命给予我们那些短暂却丰盛的机遇。

噩耗传来

多年来，我在刮胡子的镜子附近挂了一幅裱框的明信片，这样我每日都可以看到它。在这张明信片的后面，有一则铅笔写的信息，是写给一位住在英国威尔士斯旺西（Swansea Valley）的詹姆斯·戴（James Day）先生的。内容如下：

亲爱的朋友：

我写这句话是要你们知道，我还活着，活蹦乱跳，过得很好。多么棒的享受啊！

你忠实的朋友WJR

几乎无法读出签名写的首字母缩写，原名是威廉·约翰·罗杰斯先生（William John Rogers）。明信片的正面是一艘光彩动人的四烟囱大邮轮，照片上的说明文字写着“白星公司邮船‘泰坦尼克号’”。邮戳上的日期是这艘邮船失事沉没的前一日。这次意外事故死者总计1500余人，其中就包括罗杰斯先生。安和我把这明信片裱起来并挂在墙上的原因是，他所写的“过得很好”这句话，可能是最短暂也最虚幻的状态。

我们看起来很健康，儿女们茁壮成长。我们一起写书，并开展野心勃勃的电视节目和电影计划、讲学和演讲，我还从事着最令人兴奋的科学研究工作。

1994年某日，当我站在这张明信片前时，安注意到我的臂膀上长了一颗黑蓝色的痣。这颗痣已经在那里好几星期了。安问我：“为什么它还不消失？”在她的坚持之下，我不情不愿地（一颗黑蓝色的痣不会这么严重吧，会吗？）去看了医生，并做了例行的血液检验。

几天以后，我们在得州奥斯汀接到了医生的电话。他的声音听起来不太对劲。他说，估计检验室的人把血液样品搞错了吧，因为分析显示这个人的病情非常严重。他催促我说：“请立刻再去验一次血。”我立刻照办。再度验血的结果是，并没有人把血液样品搞错。

骨髓移植是唯一的救命途径

红细胞的功用是把氧气输送到全身各处，白细胞的功用则是对抗疾病。可是我的红、白细胞数正大量减少。最可能的解释是“干细胞”（stem cell）出了问题。干细胞是形成红、白细胞的原发细胞，它们都是在骨髓中制造出的。这种病的专家核实了我的病情。我得了一种从来没听过的怪病——骨髓发育不良症（myelodysplasia）。得这种病的原因至今不明。我很诧异地听着医生告诉我，如果我不去治疗，活下去的概率等于零，我会在6个月内死亡。可是我觉得自己的身体状况还不错——就是不时地有点头晕。我很精神，工作效率也不错。我就站在死神的门槛前，这像是一个极为怪诞的恶作剧。

只有一种治疗方法可能治愈这种病：骨髓移植（bone marrow transplant）。可是这种治疗方法需要找到一个骨髓与我匹配的捐髓者。即使找到了，也要暂时抑制我身上的免疫系统，否则我的身体不能接受移植的骨髓。可是过度抑制免疫系统可能使其他问题置我于死地，例如，限制我对疾病的抵抗力，会让我成为随风飘来的细菌的猎物。我甚至考虑过放弃治疗，等到医学研究发明出新的治疗方法再说。这是最无望的下下策。

我们询问各方专家的结果是，大家都指向一个地方——西雅图的哈金森癌症研究中心（Hutchinson Cancer Research Center）。这是世界上数一数二的骨髓移植中心。许多这方面的专家都曾在此从事医学研究工作，其中包括1990年诺贝尔生理学或医学奖得主唐纳尔·托马斯（E. Donnall Thomas）。托马斯博士得奖的原因是，他改良了骨髓移植手术，现在采用的手术步骤就是他首创的。该研究中心的医生、护士专业能力之强，照顾质量之高，使我们觉得那些介绍“哈金”

（Hutch）[①] 给我们的人说的赞语，的确是所言不虚。

治疗的第一步就是找一个和我身体骨髓匹配的捐赠者。有些人到死都找不到一个捐赠者。安和我打电话给我唯一的妹妹，凯莉。我不敢明说，只好旁敲侧击地问。凯莉压根儿不知道我病了。我还没具体说我的要求，凯莉就说了：“不管是什么，你尽管拿好了……肝、肺……都是你的。”每次我一想到凯莉的慷慨，我的喉头就不禁为之哽咽。没有任何的保证，保证她的骨髓会和我匹配。所以她接受了一连串的测试，一次又一次地，在测试了6次后，终于证实她的骨髓和我的完全匹配。我真是无比幸运。

可是“幸运”也只是相对而言。即使有了完全匹配的骨髓，我能被治愈的概率也只有30%。就像玩俄罗斯轮盘一样，虽然枪膛中有4发子弹而非1发，这依然是我可以幸存的最好机会。我过去还面临过更糟糕的输赢概率。

生死一瞬间

我们举家搬到西雅图，包括安的父母。我们很高兴，在我入院及出院休养的这段时期有许多人来探望我们——长大成人的儿女、我的孙儿、其他的亲戚朋友等。我深信，这些亲友给我的支持及爱心，特别是安的爱心，将会扭转劣势，让胜利站在我这一边。

你们可以猜到，我经历了不少可怕的事情。我记得有一天晚上，我按照医生药方的指示，于凌晨2点起床，打开12包装着白消安（busulfan，

① 哈金森的简称，是双关语，“Hutch”的字意是关小动物的笼子。

化学疗法用的药）药片的药包中的一包时，我看到包装上印着[①]：

化学治疗用药

有生物性危险

有毒性

以有生物性危险废料方式处理

一颗接着一颗，我吞下了72颗。这是会让人送命的剂量。如果我不立刻进行骨髓移植手术，这个抑制免疫系统的药就会把我毒死。就像吞了足以致命的剂量的氰化钾或砒霜后，只希望解药可以及时送到。

抑制免疫系统的药有几个直接的不良反应。吃了药后，我一直反胃想吐。我吃另一种药来克服不良反应，效果还可以，不会使不良反应加剧到让我无法做事。另一个不良反应是我的头发全掉了，加上之后体重的减轻，我的外表有如槁木死灰。但有一天我得到了极大的鼓舞。我们4岁的小儿子山姆看了我一眼，说："爸，你发型真帅！"接着又说，"我不知道你生了什么病，可是我知道，你会好起来的。"

我原本以为，骨髓移植是很痛苦的手术。实际上，它就像输血一样，把我妹妹的骨髓设法移植到我的骨髓中。在手术过程中，有些步骤是极为难受的，但有一种对创伤的失忆症，因此，手术完成后，你就几乎把痛苦全忘了。哈金容许病患自行服用止痛药，包括吗啡的衍生物等。因此当我痛到忍不下去的时候，我就立刻服用止痛药，这使我能够忍受整个疗程。

① 癌症的基本治疗原理从一开始到现在几乎没有变过。除了通过手术切除癌细胞，主要的治疗方法是"以毒攻毒"。用癌细胞较敏感的毒药（包括辐射）杀死癌细胞，用量要很精准仔细，分量要大到可以杀死癌细胞，又小到不会杀死人。

从亲友处受益与医学进步

在治疗的末期，我身上的白、红细胞都是凯莉的。因此，我的这些细胞中的性染色体都是女性的XX型组合，而非男性的XY[①]。我全身的血液细胞和血小板都是女性的。我一直在等待凯莉的某些特殊爱好出现在我的身上，比如骑马，或者连续去看好几场纽约百老汇剧院的话剧或歌舞剧等。可是，这些爱好始终都没有出现在我的身上。

安和凯莉救了我的命。我永远感激她们对我的怜悯及爱心。从医院出来后，我需要摄入种种药物，需要人看护，包括一日数次的，从上腔或下腔静脉注射药物。安是我的“指定看护人”——日夜按处方给我服药、换绷带和药膏、测试各种生理功能（如脉搏、呼吸等），以及给我最重要的心理支持。我终于能了解人们所说的，一个孤孤单单的病人回到家，他的存活概率要小许多。

在这段时间里，我能活下去的原因来自多年医药方面的研究成果。有些是应用方面的研究，其直接目的是医治或缓和致死疾病的病症。有些是基础研究，目的是理解生物的构造和机能——其结果可能带来始料未及的实用益处，但一般是偶然发生的重要发现。

我也从康奈尔大学的健康保险，及安加入的美国编剧协会的（适用于配偶的）健康保险中受益。编剧协会是电视剧、电影之类作家的组织。在美国有上千万的人没有医药保险。如果今日我们处于他们的处境中，我们会怎么办呢?

---

① 决定性别有两种染色体，X和Y。男性的性染色体是XY型（X加上Y），女性的是XX（X加上X）。儿女们的性染色体来自父母。男的及女的性染色体结合在一起有四种可能：XX（女）、XY（男）、XX（女）、XY（男），因此生男或生女的百分比是百分之五十。从科学观点来看，决定儿女性别的基因来自男人的精子，而非女性的卵子。以前中国夫妇生不出男性后代，往往归罪于女方；从科学上来说这是不对的。

在我的著作中，我经常尝试着去证明，我们与其他动物有多么密切的关系，让动物受苦是多么残忍，在伦理上是多么不道德。可是，就如托马斯在诺贝尔颁奖典礼上说的："如果不用动物来做医学临床方面的实验，我们就无法发展出骨髓移植的技术。我们一般先在同种的啮齿类动物上做实验，再用在育种（养育配种的）动物身上，特别是狗类。"对此，巨大的矛盾在我内心交战着。如果没有用动物做的实验，我绝不会活到今日。

就这样，我的生活重回正轨。安和我迁回我们以前居住的纽约州伊萨卡城（康奈尔大学所在地）。我完成了几个研究计划，为我的新书《魔鬼出没的世界》进行最后的校对工作。我们遇见了罗伯特·泽米吉斯（Bob Zemeckis），他是华纳影业公司的导演，正在导演根据我的小说《超时空接触》（*Contact*）改编而成的电影。这部影片的脚本是安和我共同撰写的，我们也都是制片人之一。我们开始商洽一些新的电视及电影计划。我也参与了伽利略号宇宙飞船前往木星探险和木星相遇时的初期研究计划。①

未来不可预测

如果说这次的经历带给我什么深刻的教训，那就是，未来不可预测。就如本文开头提到的威廉·约翰·罗杰斯先生。他在刺骨的北大西洋寒风中，开心地用铅笔写下这几句话后，却悲哀地发现，即使连近在

---

① 伽利略号宇宙飞船1989年自地球发射，绕太阳3圈，利用金星及地球的重力使其加速后，飞往木星。4年后，到了木星附近，再利用木星及其卫星的重力使其减速，之后发出一艘自杀性的子船进入木星的大气，探测木星大气的构造。于2003年9月21日坠毁于木星。

眼前的未来都不可预测。回来后，我的头发又长出来了，我的体重恢复正常，我的红、白细胞数目也回归正常。我觉得身心都非常棒——可是另一个定期进行的血液检查，又把扬起我生命之帆的风给夺走了。

“恐怕我要告诉你一个坏消息。”医生说。我的骨髓中又检查出一种迅速蔓延的新血液细胞。两天内，我们全家又回到了西雅图。现在我正在哈金的病房中写这篇文章。进行过一种新的检验后发现，这些不正常的血液细胞中缺乏一种酶，这种酶会保护它们不被普通的化学治疗药所侵——这是我以前没用过的化学治疗药。下了一剂药以后，我骨髓中就没有这些不正常的血液细胞了。为了把零散遗留的不正常血液细胞都扫除干净（这些零散遗留的细胞数目虽少，可是繁殖很快），医生又再给了我两剂化学治疗药，并麻烦我妹妹再捐赠一些骨髓。又一次，似乎我完全治愈了。

陌生人的爱心与祝福

我们都有一种消极的倾向，就是对人类的毁灭及短视有一种认命的消极心理（认为人类是无可救药地坏）。我当然也尽了我的那一份力（我还是认为我的理由是很充分的）。可是在疾病中，我发现，和我有相同命运的患者不知欠了某个非凡的慈善团体多少生命债。

约有200万美国人登记，志愿参与全国骨髓捐赠项目（National Marrow Donor Programe），他们都愿意受些抽骨髓的痛苦，使素昧平生的陌生人受益。成千上万的人捐血给红十字会及其他捐血机关，不要任何金钱回报，连一张5美元的象征谢礼都不要，为的只是挽救一名陌生人的性命。

科学家及技术人员埋首工作多年——在成功机会渺茫的研究上下赌注，领微薄的薪俸，也没有成功的保证。他们这么做的动机很多，其中就包括希望能帮助他人、可以医治疾病，以及防止或延缓死亡。当太多的愤世嫉俗的威胁要吞噬我们时，想起这些好人好事是多么普遍的力量，是多么令人鼓舞的事。

在世界上最大的教堂——纽约圣约翰大教堂的复活节礼拜中，5000人为我祈祷。一名印度教的僧侣告诉我他在恒河（印度的圣河）岸边为我彻夜祈祷。北美的伊玛目告诉我他为我祈祷，愿我康复。许多基督教徒及犹太教徒都写信给我，告诉我他们为我祈祷。虽然我并不信这些，如果有上帝，他也不见得会因为这些祈祷而改变为我而设的人生路线。可是我无法用任何言语表达出我的谢意，包括许多我从未见过的人，在我生病期间给我的鼓励。

许多人问我，如果我不相信死后还有来生，我该如何面对死亡。我只能说，对我而言，这始终不是一个问题。除了“软弱的灵魂”这样的表达，我和我心目中的一位英雄深有同感。这位英雄就是爱因斯坦。他如此写道：

> 我无法想象有上帝，会按照人类的常规行事，去奖励或惩罚他的子民，或者上帝也有和我们类似的欲望和意志。我不能也不愿想象，一个人在肉体死亡后还有来生：让那些被恐惧或荒谬的利己主义所侵蚀的软弱灵魂，去拥抱这类想法好了。我满足于生命永恒的奥秘，也满足于我能看到现有世界的神奇构造，并能献身致力于去领悟其中的一部分，即使是极小的一部分。

附笔

1年前，在写了这篇文章以后，我的生活中又发生了许多事。我从哈金出院后，我们又迁回伊萨卡。可是，数月后，我的病又发作了。这次比前几次更严重——原因也许是，在以前的治疗中，我接受过一连串的化学治疗，加上在进行骨髓移植手术前，全身被X光照射过。这些治疗及术前准备大幅削弱了我的体质。又一次，我们迁到西雅图去。我在哈金中心再次接受了充满爱心又高度专业的治疗。又一次，安表现出极伟大的爱心，鼓励我，使我精神饱满。又一次，我的妹妹凯莉慷慨捐出她的骨髓。又一次，我被慈善团体的爱心及鼓励所包围。在撰写本文的时候——也许在校对时又要更改——我的病情再好不过了。我身上所有可察觉到的骨髓细胞都是XX型的女性细胞，它们全来自我的妹妹凯莉。没有一个细胞是我自己的XY型。我的病就是来自我自己的XY型男性细胞。有些患者即使体内还残留着部分原宿主的细胞，仍能幸存几年。要一两年后我才能知道自己是否痊愈，在这之前，我只能怀抱着希望，生存下去。

写于华盛顿州西雅图

纽约州伊萨卡城

1996年10月

尾声

卡尔不死

安·杜鲁扬

卡尔最让人印象深刻的，就是面对可怕的未知时仍能保持乐观的精神。以他的这种独特精神，卡尔写完了这本书的最后一章，完成了本书。这本书充满他惊人的才华，满满的仁爱之心。超越不同学术的藩篱，他完成了这本令人惊叹的原创作品。

死神逼近

在写完本书数周后，12月初，他坐在餐桌上，面对他最喜爱的餐点时，脸上出现了令人不解的面容。他没有食欲。我们家中，有我们自己起名叫作“wodar”的警觉性习惯，就是当一切都很顺利时，我们会不知不觉地寻找在酝酿中的厄运。生活在死荫幽谷中的两年里，我们的“wodar”始终维持在最高的警觉状态。在那使人失去希望，重获希望，又失去，又重获的云霄飞车上，卡尔身体状况的每次改变都会使我们的“wodar”警钟大鸣。

我们两人互相看了一眼。我立刻想出了一套往好的方面去想的说辞，以解释为什么他食欲不振。一如往常，我总是说他的食欲和他的身体状况没有什么关联。我说，这只是偶尔的食欲不振，很快就会过去，一般正常人甚至都不会注意到。卡尔勉强地笑了一下说：“可能吧。”从那时候起，他就逼自己吃东西，但是，他的精力明显地在走下坡路。即使如此，在那星期结束时，他还是坚持着要去旧金山发表两个已预定好的演讲。在第二个演讲结束后，一回到我们下榻的旅馆，他整个人就垮了。我们立刻打电话去西雅图。

医生要我们立刻回哈金。我害怕告诉我们的小女儿莎拉及小儿子山姆，说我们明天不能回家了，我们又要去西雅图了。这是第四次了。对我们来说，西雅图已经变成“恐怖”的代名词。孩子们一听到这个消息，都吓呆了。我们怎能说服他们，不要怕，这次去西雅图就和前面3次一样，最多待个半年就可以回家了，还是告知他们像莎拉立刻怀疑的，这次情况可能更严重？再一次地，我鼓起精神，念出啦啦队队长的魔咒：爸爸想活下去的。他是我见过的人中最勇敢、最坚强的硬汉。那里的医生是全世界最好的……光明节的庆祝要延一下。一旦爸爸的身体好一点的时候……

次日，我们立刻赶去西雅图。照完X光后，医生发现卡尔得了一种不知名的肺炎。一次又一次地检查，都找不到病源细菌是什么，不是细菌，不是病毒，也不是真菌。他罹患肺炎可能是由于一种滞后的反应。半年前为了准备骨髓移植，他接受了致命量的强力X光照射，这削弱了他的体质，最后变成肺炎。医生用了大量的类固醇来治疗，可是只是使他受更多的苦，仍然没能治愈他的肺炎。医生要我做最坏的打算。当时，我在医院的走廊上，看到许多熟人脸上的表情全都迥异于以往，他们不是投以同情的眼神，就是低头走过，不敢正视我的眼睛。是时候把孩子们叫来西岸了。

探求真理，至死不渝

当卡尔看到莎拉的时候，他的病情似乎奇迹似的变好了。“你真美！你真美！莎莎！”他如此呼喊，“你不但美，而且美极了！”他告诉她，如果这次他能痊愈，有一部分原因就是她来看他，给他带来了力量。在接下来的几小时里，从监测他健康情形的医疗仪器上可以看出他的身体状况在好转。我希望它能直线上升。可是在我的脑中，可以感觉得到，医生并没有我的这种乐观的想法。他们看得出，这种临时的好转，是他们称为“印第安之夏”（Indian summer）的“回光返照”现象，是临死前身体面对死亡的最后挣扎。

“现在是在等死了。”卡尔很平静地说道，“我正步向死亡。”“没这回事。”我抗议，“你这次一定可以战胜死亡的，就和你以前看不到希望时，仍能战胜它一样。”他看着我，以一种我看过了不知多少次的眼神看着我。我们在20年的合作写作中，在彼此疯狂的相爱中，为了不同的意见争执了不知多少次。每次争执，他就是用同样的眼神看着我，用一种带着善意的幽默又有点不相信的眼神，他苦笑着对我说：“好吧，我们看看这次究竟是谁对，谁错。”

5岁的山姆进来看他的父亲最后一眼。虽然卡尔已经呼吸困难，但他还是尽力放稳情绪，以免吓到他的小儿子。“我爱你，山姆。”

这就是他尽力挣扎后说出的话。“我也爱你，爸。”山姆极为严肃地说道。

和许多信奉正统基督教人士的幻想相反，卡尔走向死亡时并没有要求信教。在最后一秒钟，他也没有用死后可以复生的想法求得心理上的安适。对卡尔来说，最重要的就是探求真理，而不是寻找能使他感到舒适的假设，即使在濒临死亡的最后一刻，人们会谅解他的处境，原谅他改变主意。可是他仍不畏缩。当我们互相凝视时，我们都知道，我们在一起共度的美好时光即将永远地结束了。

一见钟情，十年定情

一切开始于1974年，纽约，诺拉·依弗隆（Nora Ephron）家中的一次晚餐聚会。我记得，当时卡尔的衬衫袖子卷起，脸上带着令人炫目的笑容，看起来帅气极了。我们从棒球赛谈到资本主义。最令我兴奋的是，我让他大笑不已。可是卡尔已经结婚了，而我也有男友。我们开始在社交场合共同出现。我们4个人开始频繁接触，我们开始一起工作。有时，我会单独和卡尔一起工作。气氛极为安乐，富有激情。可是双方都没有告诉对方心中的感觉。这是想都不能想的事。

1977年早春，美国国家航空航天局邀请卡尔组织一个小组，选择一张“唱片”的内容。这张唱片要放在旅行者1号及旅行者2号宇宙飞船上。这两艘宇宙飞船即将展开一次野心勃勃的探险，预计行经所有地球以外的行星，并观测这些行星及其卫星。探险完毕，这两艘宇宙飞船就以行星的重力加速远离太阳系。这是一个向可能存在于其他星球的外星人宣扬地球文化的机会。之前，卡尔和他的妻子琳达·萨尔茨曼（Linda Salzman）及一位天文学家弗兰克·德雷克（Frank Drake）曾在早期的先驱者10号（pioneer 10）上钉了一块金属板，而这张唱片的内容远比这块金属板的丰富和复杂得多。那次也是一大突破，可是相比之下，那块金属板的大小只相当于一个汽车牌照。在旅行者1号及旅行者2号上的唱片，有55种不同的人类语言见面时打招呼的声音、鲸鱼的叫声、115张地球上生活的图片，并录了长达90分钟的世界上各种不同文化的音乐。设计的工程师们估计这张镀了金的唱片的影音质量可以保存10亿年之久。

10亿年有多久？在10亿年中，世界各大洲都会漂移四散到我们认不出的地步。10亿年就是1000个百万年。1000个百万年前，世界上最复杂的生物还是细菌。在我们的核武器竞赛中，即使是短期的未来，也有不可预测的危机。因此，我们这些能在旅行者号工作的幸运者，在从事这项任务时有一种神圣的使命感。就如背负着诺亚方舟一样的使命，我们正在替人类的文化打造类似的方舟，它是唯一可以流传到超乎人类想象的遥远未来的人类文化遗迹。

在我大胆地寻找一首最值得放入唱片中的中国音乐的时候[①]，我打电话给卡尔，并在他的录音机里留了个口信。当时，他正在亚利桑那州的图桑（Tucson）进行演讲，并住在当地旅馆。1小时后，我在纽约曼哈顿的公寓内的电话响了。我拿起听筒，一个声音说道："我回到房间，听到一个信息说：'安来过电话。'我就问自己：'为什么10年前你不给我留言？'"

我虚张声势地开玩笑，用不经意的口吻说："我本来就想告诉你这

① 后来入选的是2000余年前的中国古曲《高山流水》。

个的，卡尔。”接着，我比较正经地说，“你的意思是你要留住我，不放我走？”

“是的。留住你，不放你走。”卡尔温柔地说道，“我们结婚吧。”

“好。”我说。就在那一刻，我们彼此感觉就像发现了一个新的自然定律一样，充满惊喜。这就是“尤利卡”（eureka）[①]，在发现一个伟大真理时那一瞬间的感觉。这是一个在往后20年中，不断地在不同场合下被证实和被再肯定的真理。可是这也是一种允诺，愿意为这段感情负起无限责任。一旦你被牵入这样美好的奇迹中，你能离开吗？那天是6月1日，从此以后就成了我们爱情中最神圣的日子。自那日起，如果我们中有谁做出不可理喻的行为，只要说声“6月1日”，通常就能换回不可理喻一方的理智。

稍早前，我问了卡尔，那些我们想象中的，10亿年以后的外星人能不能了解脑电波中的意识。卡尔说：“谁知道，10亿年是一个很长的时间。”这就是他的回答。“我希望这会发生，我们为什么不去试试看呢？”

于是，就在改变了我们一生的电话后的第二天，我走进了纽约市贝尔维尤医院（Bellevue Hospital）的一间实验室，身上被安上了电线。这些电线接通到一部计算机中，把我大脑及心脏传出的电信号变成声音。我有1小时的时间，进行一趟心智之旅，去传递我想要传递的信息。一开始，我想起地球及其支持的一切生命。接着，我竭尽所能去想些历史上的伟大思想，及人类社会的结构。然后，我想到我们文化对我们造成

① 古希腊词语，词性为感叹词，意思是“我找到了！我发现了！”。据传，阿基米德在洗澡时发现浮力原理，高兴得来不及穿上裤子，跑到街上大喊：“Eureka（我找到了）！”后来尤利卡被用作重大发现的代名词。

的危险。之后，我想起那些生活在暴力及穷困所造成的人间地狱中的人的惨状。最后，我想到的是，我自己坠入情网的个人感受。

最后的告别

现在，卡尔发着高烧。我一直吻他，并把我的脸颊贴在他那如火似的、未剃胡须的面颊上。他脸上的热度使我感到一种安慰。我要这样做，使他那充满活力的、真实的自我变成我身上不可磨灭的永恒记忆。我心中充满了矛盾，既希望他能继续为生命而战，又希望让他从这些维持他生命的机器所带来的两年痛苦中解脱。

我打电话给他的妹妹凯莉，她为了使卡尔摆脱死亡的噩运，付出许多。我打电话给他已成年的儿子，多瑞恩、杰勒米，及尼可拉斯，和他的孙儿东尼奥。就在几个星期前，我们全家才在位于伊萨卡城的家中共度感恩节。大家都认为这是我们一起度过的感恩节中最棒的一次。节后，我们每个人都感觉到一股新的希望。在这次的聚会中，一种真实的亲密感觉，将我们凝聚在一起。现在，我把电话听筒放在卡尔的耳边，让他最后一次听到他们道别的声音。

我们的作家兼制片人朋友琳达·奥布斯特（Lynda Obst）从洛杉矶匆匆赶来陪着我们。我和卡尔初遇，是在娜拉家中举行的晚餐聚会，那是令人难忘的夜晚，琳达也在那儿。她是目睹我和卡尔在私人和工作上的合作次数最多的人。她是《超时空接触》这部电影的原制片人，和我们密切合作了16年之久，不断推动计划，一直到正式出片为止。

琳达观察到我们之间一直火热不褪的爱情。这种爱情为我们周遭的人带来了一种“暴行”，使那些未如我们如此幸运，像我们一样能找到一个灵性伴侣者感到不幸。可是，琳达不但不因忌妒而埋怨我们之间的关系，还珍视我们的感情，仿佛一名数学家因发现了存在定理（第十章）一样地兴奋。她一直称呼我为“受天赐福的小姐”（Miss Bliss）。卡尔和我最珍惜与她在一起的时间，我们大笑，彻夜畅谈科学和哲学、杂事及流行时尚等，无所不谈。现在，这位跟我们一起在生活中翱翔的女士，在那令我眩晕的一天陪我挑选结婚礼服的女士，与我们同在，守候在我们身边，与卡尔诀别。

夜以继日地，莎拉和我轮流在卡尔的耳边低声地对他说话。莎拉对他说她如何地爱他，说了所有她可以想得到能纪念他、尊敬他的方法。“勇敢的人，奇迹似的生命。”我对他说了一遍又一遍，“你一生过得精彩极了。在骄傲和欢乐中，在我们的爱情中，我放你走了。不要害怕。6月1日。6月1日。留住我，不放我走……”

当我进行本书的校对工作，更改卡尔觉得有必要更改的地方时，他的儿子杰勒米正在楼上教导山姆每夜必有的计算机课。莎拉在房中复习功课。旅行者号宇宙飞船则带着一个小小的由音乐和爱心组成的世界，远离太阳系中最远处的行星，向星际空间的大洋航行。它们以每小时约6.4万千米的速度向星际航行，目的地不详，我们只能通过推测或想象来描绘它们的去向。

永远活着

我的身边围着一箱又一箱从世界各地寄来的信件，慰悼及吊唁卡尔的逝世。许多人说他们从卡尔那里得到新的启示。有些人说他们受到了卡尔的鼓舞，才开始接触科学，才知道为什么要反对迷信和宗教激进主义。这些想法带给我安慰，也激励着我，减少了我心中的伤痛。它们让我感觉到，不必诉诸超自然现象，卡尔也一样继续活着。

1997年2月14日

于纽约州伊萨卡城

激发个人成长

多年以来，千千万万有经验的读者，都会定期查看熊猫君家的最新书目，挑选满足自己成长需求的新书。

读客图书以“激发个人成长”为使命，在以下三个方面为您精选优质图书：

1. 精神成长

熊猫君家精彩绝伦的小说文库和人文类图书，帮助你成为永远充满梦想、勇气和爱的人！

2. 知识结构成长

熊猫君家的历史类、社科类图书，帮助你了解从宇宙诞生、文明演变直至今日世界之形成的方方面面。

3. 工作技能成长

熊猫君家的经管类、家教类图书，指引你更好地工作、更有效率地生活，减少人生中的烦恼。

每一本读客图书都轻松好读，精彩绝伦，充满无穷阅读乐趣！

认准读客熊猫

读客所有图书，在书脊、腰封、封底和前后勒口都有“**读客熊猫**”标志。

两步帮你快速找到读客图书

1. 找读客熊猫

马上扫二维码，关注“**熊猫君**”

和千万读者一起成长吧！